广雅

U0178665

雅理

我吃
故我在

慢食与文化

We Are What We Eat

A Slow Food Manifesto

［美］爱丽丝·沃特斯

［美］鲍勃·卡劳　［美］克里斯蒂娜·穆勒　著　刘诚　译

GUANGXI NORMAL UNIVERSITY PRESS
广西师范大学出版社
·桂林·

我吃故我在：慢食与文化

WOCHI GU WOZAI：MANSHI YU WENHUA

Copyright © 2021 by Alice Waters

This edition arranged with McCormick Literary through Andrew Nurnberg Associates International Limited

著作权合同登记号桂图登字：20-2022-092 号

图书在版编目（CIP）数据

我吃故我在：慢食与文化 / （美）爱丽丝·沃特斯，（美）鲍勃·卡劳，（美）克里斯蒂娜·穆勒著；刘诚译. ——桂林：广西师范大学出版社，2022.9

（雅理译丛 / 田雷主编）

书名原文：We Are What We Eat：A Slow Food Manifesto

ISBN 978-7-5598-5333-2

Ⅰ．①我… Ⅱ．①爱… ②鲍… ③克… ④刘… Ⅲ．①饮食－文化－通俗读物 Ⅳ．①TS971.2-49

中国版本图书馆 CIP 数据核字（2022）第 152997 号

广西师范大学出版社出版发行

（广西桂林市五里店路 9 号　邮政编码：541004）

（网址：http://www.bbtpress.com）

出版人：黄轩庄

全国新华书店经销

广西广大印务有限责任公司印刷

（桂林市临桂区秧塘工业园西城大道北侧广西师范大学出版社集团有限公司创意产业园内　邮政编码：541199）

开本：787 mm × 1 092 mm　1/32

印张：6.625　字数：150 千

2022 年 9 月第 1 版　　2022 年 9 月第 1 次印刷

定价：68.00 元

如发现印装质量问题，影响阅读，请与出版社发行部门联系调换。

致我亲爱的朋友卡洛·佩特里尼

慢食运动的创始人

目 录

引言   1

快餐文化

方便   13

统一   24

随手可得   32

广告   45

廉价   59

越多越好   71

速度   84

慢食文化

美   99

生物多样性 110

时令   123

照料   137

工作的乐趣   152

简单   166

万物生息   177

结论：我吃故我在   189

致谢   194

译后记   197

引言

1971 年，当创办潘尼斯之家（Chez Panisse，本书作者爱丽丝·沃特斯和她的几位朋友创办的一家餐厅，倡导有机健康饮食，致力于重新构建人与食物的亲密关系。——译者注）时，我并不太理解食物的力量。当时我也知道，我所参与的反主流文化运动和当时的食物政治之间肯定有某种联系，但我并没想过整合这两件事情之间的关系。我尊重"回归土地"运动，它强调自己种植食物，不使用化学药品和杀虫剂；我们都读过蕾切尔·卡森的《寂静的春天》（Silent Spring），也读过弗朗西斯·摩尔·拉佩的《一座小行星的饮食方式》（Diet for a Small Planet）。当我还是加州大学伯克利分校的一名学生时，言论自由运动、反战运动和民权运动正在我身边的街道上如火如荼地进行着。我经历了塞萨尔·查韦斯（César Chávez）的抵制葡萄运动，见证了这一成功的社会运动是如何让人们将注意力集中在农场工人的权利上。这些政治运动构成了我生命的一部分。它们都是我们那个时代的最大问题，作为个体又怎能置身事外？但是，这些并不是我创办潘尼斯之家的原因。我创办它的原因是，我感觉给人们提供美好的食物是自己唯一能做的一件事。

几年后，事情发生了变化，在为餐厅菜篮子寻找食材的过程中，我们来到了有机农场主、牧场主及供应商的门前。这些重视可持续发展的本地农民挑选最好的传统品种来种植，并等待果蔬完全成熟时再采摘，因此，他们总能出产最美味可口的食材。为了方便客人了解餐厅背后的、人们常常看不见的农业网络，餐厅开始将种植者和供应商的名字写在菜单上。突然间，我们发现，客人们开始盼着吉姆·丘吉尔的农场在新年前后出品的奥哈伊纪州柑橘，或者马斯·升本种植的、8月底出产的中央山谷小黄桃。客人们会认出这些水果品种，并且想购买它们。他们开始通过自己的味蕾，来体验地理和四季给身边农业环境所带来的自然差异；他们通过潘尼斯之家的食物，去了解本地的风土人情和生物多样性。不仅如此，潘尼斯之家还愿意直接付钱给农民，购买这些美好的农产品，我们和农民之间没有中间商，并且我们愿意支付食物的真实成本——这些做法全都传开了。这些做法为农民和牧场主提供了更多的资金保障，并最终为潘尼斯之家创造了另一种经营模式。

在全国其他地方，越来越多的人开始接受烹饪和食用当季、本地食物的观念。越来越多的餐厅开始发掘、使用本地的有机食材。在每个州的社区里，农夫集市如雨后春笋般出现，通过这些农夫集市，食客得以了解那些为他们种植食物的农民。在我和其他许多人看来，直接支持这些来农夫集市销售农产品的农民，是参与和鼓励"从农场到餐桌"这一新兴运动的最好方式。

1988 年，我认识了卡洛·佩特里尼（Carlo Petrini），他是意大利"慢食国际"的创始人，这是一个新的草根政治和教育组织。卡洛是——现在仍然是——一位了不起的哲学家和非凡的梦想家，他对以捍卫传统生活方式为宗旨的全球食物运动充满热情。当卡洛讲话时，他用隐喻的方式将生物多样性、可持续性与味觉、餐桌乐趣联系起来，生动地呈现了生物多样性和可持续性中的复杂问题。卡洛的伟大思想令我激动不已，也验证了我创办潘尼斯之家的初衷。我开始深度参与卡洛的"国际慢食"组织的运动，例如为收集和保护各种文化中濒临灭绝的传统食品而创建的"尝味方舟"。通过参与这类慢食运动，我结识了来自世界各地的食品活动家，如埃塞俄比亚的农民、加纳的奶酪制造商、尼泊尔的种子保存者、日本的水稻种植者。面对各地正在兴起的快餐行业，他们每个人都在身体力行地保护传统食品和口味。这些活动拓展了我对食物问题的理解。我意识到，我们在美国所遇到的问题，与世界各地的人们所面临的问题是一样的，这是所有人都面临的全球性问题。这一发现既令我着迷，也让我震撼。我意识到，自己有可能、也有潜力成为全球食物运动中的一员。"放眼世界，立足本土"，

20 世纪 70 年代的这句口号立刻浮现在我的脑海中。

但是，当我回到伯克利，开车到市区外 5 英里，目光所及，快餐店和工业依旧遍布大地——这些土地通常是农业用地，这景观像癌症。我一直在想，如果我们在潘尼斯之家及其他方面所做的事没有产生更深远的影响，如果它们没有扎根到整个文化中，那做这些事又有什么用呢？餐厅不能成为一座孤岛。我试图弄明白，如何将自己所习得的经验和培育的良好做法与每个人分享。那么，做些什么才能给人们留下更深刻的印象呢？

20 世纪 90 年代中期，我看着女儿长大，看着她和她的朋友们如何学会（或学不会）养活自己，我忽然意识到真正的机会在学校和教育。如果在学生们被无孔不入的快餐世界洗脑之前，就让他们接触到这些新的观念，那么，也许就有机会带来一场深刻而持久的改变。

就在那时，我说服了伯克利一所公立中学的校长，在他的校园里启动了"可食校园项目"。在马丁·路德·金中学，六年级、七年级和八年级共有 1 千名学生，他们在家里说着 22 种不同的语言。在创设潘尼斯之家前，我曾是一名蒙台梭利导师，蒙台梭利（蒙台梭利，1870—1952，意大利幼儿教育家，蒙台梭利教育法创始人。其教育理念与教学方法至今仍深刻地影响着世界各国。——译者注）的培训告诉我，让学生亲自参与烹饪和园艺等实践性学术课程可能会带来变革。我隐隐约约地感觉到，一场真正的变革可能会发生——但我仍然无法想象一个花园教室、一个厨房教室和一个新概念餐厅将会如何改变公立学校系统。

我目睹了我们国家，从第二次世界大战的胜利菜园转向 20 世纪 50 年代的冷冻食品；从 20 世纪 60 年代的革命运动转向 20 世纪 80 年代、90 年代以来的快餐统治。从创设潘尼斯之家到建立"可食校园项目"，我的经历一次又一次地告诉我，食物的力量如何改变人们的生活——或是好的改变，或是坏的改变。食物令共同体茁壮成长、让机构变得人性化，帮助修复和补救被围猎的环境。但是，食物也会破坏人们的健康和地球的环境。

在美国乃至世界各地，工业化食品系统也给人们的生活和自然环境带来了无尽的腐败和衰颓。

本书是一份宣言，是关于人类如何走到今天这一步的宣言，是关于饮食对个人生活和世界影响的宣言，是关于人类如何通过行动来改变历史进程的宣言。本书不是学术作品，它没有使用脚注和参考文献。在本书中，我所讨论的一切都来自我的个人经验。我吃，故我在。这就是我的人生哲学。

快餐文化

两百多年前，法国哲学家让安·安泰尔姆·布里亚·萨瓦兰说："国家的命运取决于人民吃什么样的东西。"我一直被这句话打动。我一度认为这句话主要与做饭、吃饭有关。但近些年来，我在想，布里亚·萨瓦兰是不是在谈一些更宏大、更深刻的东西。也许他谈的是人的饮食方式与他所处的生活世界之间的基本联系。也许他清楚地看到了，在深层次上，人吃什么不仅会影响他自己的生活，也会影响社会、环境和整个地球。我有一种感觉，倘若今天布里亚·萨瓦兰还活着，他可能会把他的箴言扩展为："世界的命运取决于人民吃什么样的饭。"

我们今天面临着许多严重的问题，这些问题的核心都与食物有关，我深信布里亚·萨瓦兰也会看到这一点。我所指的不只是贫穷、饥饿、疾病和农业衰落等显而易见的问题，还指的是成瘾症、抑郁症、水资源消耗、虐待工人、移民、政治欺诈、气候变化的全方位威胁等一切问题，这些都是大家耳熟能详的名字。一旦人们深入研究，他们会发现，在某种程度上，上述所有问题都和他们的饮食及食物供应系统有着某种联系。

听上去可能有点将问题简单化了。但我认为，本书讨论的所有问题都是由深层次的系统结构引起的。我认为，除非人们能处理好这个更宏大、更普遍的系统结构，否则他们怀着良好愿望、为解决问题所付出的所有努力，终究会是一场空。事实上，我们做得远远不够。如果不正视这种更深层次的系统结构，我们就只能是治标不治本。

那么，这个引发所有其他问题的深层次的系统结构是什么？

作家埃里克·施洛瑟是我所崇拜的英雄之一，他是我们这个时代最伟大的丑闻揭发者之一，他指出，在美国，人们生活在一个快餐国度。遗憾

快餐文化

的是，在这个国度里，快餐是大多数人的饮食方式。统计数据显示，美国每天有 8500 万人在快餐店用餐——但我并不认为快餐的定义始于或终于麦当劳、必胜客或者赛百味这样的餐厅。我认为，快餐指的是，使用除草剂和杀虫剂种植的食物，大规模工业化生产出来的食物，使用添加剂和防腐剂加工或深加工出来的食物。它可以是杂货店货架上的食物，也可以是从便利店里购买的食物，还可以是通过快递 APP 下单直接送货上门的食物。

但是，有一件事人们真的不明白，即快餐不仅仅关乎食物，快餐也关乎文化。我也是大约十年前才认识到这一点。

文化影响着人们看世界的方式，人们如何行动、如何认识自己、如何表达自己、如何与他人互动交流、相信什么，所有这一切，都深受文化影响。文化影响着人们如何选择着装，影响人们买什么、卖什么，影响人们如何做生意。文化影响着人们所建造的住宅、公园、学校、娱乐、新闻、政治的方式，等等。文化沉潜在底，是无形的道德结构，在潜意识里指引着人们，塑造他们的所作所为。快餐文化已经成为美国的主导文化，也正在成为世界的主导文化。

之所以如此，是因为快餐文化像所有文化一样，也有一套自己的价值观——我称之为"快餐价值观"。价值观决定行为，行为最终创造文化。如果一个人在快餐店吃饭，或者以快餐作为生活方式，他不仅会营养不良，而且还在不知不觉中接受了快餐文化中的价值观。这些价值观就像食物一样，也会成为他存在的一部分。一旦这些价值观成为人的一部分，它们就会改变人。最初，他的价值观很多元化，他对事物有不同的看法、不同的渴望、不同的道德标准和期待。而现在快餐文化控制了他的欲望和饥饿，由于这些都是在潜意识里发生，他甚至可能没有意识到这一点。但无论如何，他的世界开始反映他所接受的价值观。一切东西都应该随时可得；越多越好；无论什么季节，无论身处何地，食物的外观和味道都应该是统一的；时间就是金钱，效率就是生命；任何选择，无论是与食物有关，还是无关的，都不会产生任何不良后果。他开始把这些价值观当作真理。

　　我认为这就是产生所有其他问题的土壤：快餐文化及其价值观。我们需要反思快餐价值的后果，唯有如此，我们才知道可以采取什么行动来改变这一切。

方便

方便是一种快餐价值，它告诉人们一切事情都应该毫不费力，轻快如风。在智能手机上花上几秒钟，优步（Uber）外卖就将玉米煎饼送到家门口；开车下了高速公路，驶入免下车餐厅，立刻能吃上鸡块。这就是效率和休闲的意义之所在——通过"快速、廉价、简单"实现做什么事都"不费劲儿"。方便确实让人们生活的方方面面都不那么费劲儿，但沉迷于此也会产生如下问题：如果一项任务无法轻易完成，人们干嘛要为此而烦恼呢？人们为什么非得要完成这项任务？就这样，在方便的诱惑下，人们失去了为自己做事的激情、信心和能力。

毫无疑问，方便极大地改善了人们的生活。卡车、洗衣机、洗碗机、冷冻食品、智能手机、Siri（苹果公司开发的智能语音助手。——译者注）、Alexa（亚马逊公司开发的智能语音助手。——译者注）等都很方便，它们既省时又省力，将人们从劳动的束缚中解放出来，过上更轻松、自由的生活。我记得，小时候，家里会收到西尔斯·罗巴克公司的邮购商品目录，它像一本百科全书那么厚，我仔细地翻看一页又一页的图片，有儿童玩具、园艺工具、吸尘器、衣服、助听器、电视机等一切你能想象到的商品。1887年，西尔斯·罗巴克公司首次推出邮购商品目录，到20世纪50年代，这种邮购商品目录已经成为一种革命性的方便之举，千家万户根据它来购买商品，随后公司送货上门。农民可以通过它订购饲料。人们甚至可以通过它购买一栋预制房屋。起初，人们倡导、推广邮购商品目录，是因为它真的是一个好主意——一种让生活变得更轻松的解放之道，但现在它已经完全变味儿了。许多人甚至不再想好好做顿饭，因为他们认为做饭既费劲，又费时。许多人甚至不想出门购物。为了方便，人们倾向于选择简单、机械、"外包"的生活方式。人们开始忘记或者不想学习如何去做实践性强，富有挑战性的事情，比如自己种植食物。我还能说什么呢？种子成长为植物的过程，本质上就意味着不方便。你必须照料植物，给它浇水，辛勤劳作，静待开花结果，此外，这一过程中还会有一些无法控制的因素。农夫集市也很不方便。你到那儿可能买不到你想买的食物，而且它们只在特定的日子营业。

1965 年，我来法国读大学，我爱上了法式的购物、烹饪及饮食。我发现，那些需要花费不少时间的日常习惯和仪式，会带来更美味的食物和更有意义的生活。这是一种觉醒。每天去市场；用成熟的时令生鲜做饭；每天品尝到好味的食物。这种更慢、更接地气的生活方式引起了我的共鸣。每天去市场买菜不是美国人的购物方式，在美国，人们每周去超市采购一次，就完事了。从法国回来后，我依然保持着法国人的购物习惯：我会去小镇另一头的一家由日本人经营的小型农产品市场，我会从伯克利开车到旧金山，去那里的法国熟食店和意大利熟食店"朝圣"，它们有最好的橄榄和橄榄油。

即使在今天，在买东西或做其他事情时，方便仍然不在我的考虑之列。我对个性化的商业和社区建设更感兴趣。我盼望着去本地的肉店和农夫集市。我喜欢一边闻着艾克面包房的香味，一边买面包。从这些经历中我得到了快乐和教益，我决定花点时间，去做一些被人们认为麻烦的事情。我希望告诉人们，摸摸食物、闻闻食物、感受食物，与种植食物的农民交谈，与不期而遇的朋友聊天，这些经历让人生更加丰富多彩。没有这些，人们会失去很多感官上的体验，更不用说，由共同体所带来的"在一起"的共通感了。

当潘尼斯之家餐厅开业时，我们几个都是热情满满的厨师，但我们也没有接受正规的餐饮培训。我们没有学会专业化的、"方便"的烹饪方式。作为一群照着法国传统烹饪书做饭的厨师，我们下定决心要用"正确"的方式来做饭，不管它方便不方便。"正确"的方式可一点也不简单。当时，餐厅所能找到的法国烹饪书是伊丽莎白·大卫、理查德·奥尔、尼奥古斯特·埃斯科菲耶等厨师写的，当然还有茱莉亚·查尔德，她会极为详细地描述如何制作一道菜肴。当茱莉亚·查尔德制作面包时，她会专注于制作过程的每一个步骤，整个制作过程可能要花上一整天的时间。这种对细节的关照和关注深深吸引和激发了我和潘尼斯之家的其他厨师。

早先，我们做饭和在家做饭完全一样；这是潘尼斯之家只有一份菜单的重要原因之一。我们把在家做饭的经验带入餐厅。我们不仅怀疑机器，也不想机器出现在厨房里制造噪音。一开始我们做饭根本不使用机器。最后，我们买了一个餐厅搅拌机，它确实让做饭变得简单了；而在此之前，餐厅一直使用一个非常大的磨，它是一个手动的食品研磨器，我们用它来研磨所有的汤。不久之后，有人送给餐厅一个美膳雅搅拌机，但我们只用它来做面包屑，我想说，用食品加工机制作面包屑确实非常方便。但即便如此，当人们使用机器处理食物时，还是会错过很多。当人们用手捣做香蒜沙司时，他们的所有感官都会兴奋起来。他们可以在洗沙拉、剥豌豆、擀面、生火的过程中学习。五十年后，潘尼斯之家里仍然以这种"不方便"的方式运营：用手洗沙拉、手工分类沙拉，并用厨房用纸擦干沙拉。我们尽量不抄近路。

　　快餐工业当然希望我们相信，忙忙碌碌地做饭是件苦差事，在它们看来，做饭只不过是一项工作，仅此而已。只有这样，它才可以向人们兜售那些不费力气加工出来的产品。快餐工业成功地说服了人们。当人们决定做饭时，他们会变得越来越不耐烦——如果要做饭，他们就希望这件事儿尽量简单。在过去的60年里，为了让人们从做饭这一"工作"中解放出来，简化在家做饭的过程，那些锐意进取的公司生产了无数的小工具和包装食品。20世纪50年代，我在新泽西州长大，在那时，除了用来做香蕉奶昔的电动搅拌机，还没出现太多省力的"方便"电器。但我家一定有果冻、凝乳甜食、冷冻鱼条等方便食品。出于方便的考虑，我的母亲绝对会使用这些食品：她要为一家六口做饭、洗碗、干衣、熨烫和打扫房间，这些家务活儿令她忙得不可开交。关键是，她打小就没有学过做饭；在她成长的家庭里，家人也不会做一顿好吃的饭菜，让每位家人都盼着坐下来吃饭，所以，她很容易受到方便的诱惑。我很佩服我的母亲，多年以后，在我们创建潘尼斯之家之后，她竟然改变了自己的饮食习惯和做饭方式，成了一名兢兢业业的厨师和种植有机蔬菜的菜农。当然，这时的她也不再需要照顾六口之家了。

方便的厨房工具非常诱人。以豆荚咖啡机为例，当人们把一个一次性塑料豆荚放入机器，按下按钮，几秒钟后就能喝上一杯热气腾腾的咖啡。这多方便啊！这些公司的产品能吸引顾客是有原因的，因为人们总是感到恐慌，恐慌自己没有足够的时间工作、陪伴孩子及从零开始做一顿家常菜。人们总是迫切地感到，他们需要更多的时间，需要更多的方便让他们摆脱繁忙的生活，设计这些烹饪设备就是为了给他们节省点时间。在这种情形里，这些设备支持了女性，让她们感到自己可以变得更强大，就像 1950 年代的冷冻晚餐让一些女性感到强大一样。但是，当人们开始完全依赖这些方便设备时，做饭就成了件苦差事了，毕竟人很容易习惯走捷径，于是人们做饭就越来越少使用真正意义上的厨房技艺。真正的厨房技艺是，沉浸在食物中，一边品尝，一边调整味道，一边通过感官学习，这才是令人成长和受益的经历。从零开始做饭，从零到一，然后让人品尝做好的菜肴，整个过程充满了说不出的骄傲和满足。但是，如果别人帮着把做饭的各个环节都准备好，人们只需要自动化执行就行了，这不是自己做饭，而是别人替我们做饭。如果做饭都是这样的话，我们实际上没有做饭！难怪没人喜欢做饭，这根本就是一个让我们远离做饭的陷阱。

我想到了饿了么、优步等所有外卖应用程序，它们也给人们带来了另一层方便。但是，当人们感觉不舒服时，或者因为刚刚结束了一个漫长或艰难的工作日而不想出门时，他们还是很想叫外卖的。有时候，叫外卖也是迫不得已，比如在新型冠状病毒大流行期间。不过，如果人们一直叫外卖，他们就会错过各种人生体验，他们也不知道这些食材打哪儿来。此外，当事情变得如此方便，当把时间节省出来后，人们又做了什么呢？人们节省时间究竟是为了什么呢？

方便和速度这两个快餐价值携手并进。毕竟，对人们来说，速度带来方便；想一想，免下车餐厅里的快餐看上去是多么方便。但是速度和方便之间存在着微妙而重要的区别。乘地铁只需要花一半的时间就能到达目的地，为什么人们要站在街角等优步？事实上，开车去药店再回家只需要15分钟，为什么人们要等上一整天让快递送牙膏到家？有时，人们对方便的渴望远远超过了对速度的渴望——这说明方便对人们是多么重要。

一旦人们接受了这种价值，方便就会让他们在生活的各个方面显得被动和无知。有时候，让别人替我们思考似乎更方便。然而，这仅仅是一个从表面上看起来非常良性的价值。不知何故，尽管这一切木已成舟，但我仍然感觉它们很不真实，好像它们不应该发生在现在，而应该发生在未来。

我不知道，我能不能比哥伦比亚大学的法学教授吴修铭（Tim Wu）说得更好，他曾为《纽约时报》撰写过一篇精彩的评论文章，题为《方便的专制》（*The Tyranny of Convenience*）。吴修铭写道："方便是世界上最被低估、最不被理解的力量。""任务一项接着一项，一项比一项方便，渐渐地，人们对方便的期望值越来越高，但这会给其他事情施加压力，人们认为这些事情也应该变得简单，否则他们就会落后。人们被即时性宠坏了，如果做事不更加努力，如果效率没有得到进一步提升，他们就会恼羞成怒。当人们使用手机而不用排队购买音乐会门票时，选举中的排队投票就令他们非常恼火……在今天，人们狂热地崇拜方便，却没有认识到艰难本来就是人类经历的一部分。人们认为，方便是唯一的目的，过程并不重要。但是，即使你最终抵达的是同一个地方，自己爬山到达山顶和乘坐电车到达山顶是不一样的。人们正在成为结果导向的人，或基本只关心结果。这样一来，人们所面临的风险是，他们一直在路上，他们的大部分生活经历只不过是乘坐一列列无轨电车的旅行。"

统一

统一是快餐的价值观，无论在什么地方，所有食物都应该样子相同，味道一致。人们在纽约吃的汉堡包、薯条和软饮料应该与他们在世界上其他地方吃的一样。如果不一样，它就有问题，有些可疑，有点不对劲。许多人都认为，统一是理所当然的。事实上，人们非常喜欢统一。它很现代。它让身处异乡的人感到舒适自在。它是可预测的；它是安全的。但是，当人们试图让所有的产品特别是食品都变得一致和可预期，即让食品变得"统一"时，人们会失去很多，会有很多东西受损，更不用说各种漠视或者浪费了。当统一蔓延到文化时，它掩盖了个性的泯灭、从众和整齐划一的社会控制等更黑暗的问题。

大约二十年前，朋友邀请我去他的餐厅品尝西红柿。这是一种转基因西红柿，它的形状设计得适合运输包装，它的表皮、质地和颜色符合理想西红柿的模样。大家都异常兴奋，比较着转基因西红柿和有机西红柿。桌上放着许多转基因西红柿，每个都是圆圆的、红红的，看起来都很好。它就是一个理想的西红柿，就像是被皮克斯动画工作室制作的一样。但当它被切成一瓣瓣供我们品尝时，我发现无论从哪方面讲，它都算不上特别。这种体验很怪异。味道确实不差，但也绝不令人惊艳。这种转基因西红柿符合统一的所有标准——对称、颜色、形状和触感，但它缺少一些至关重要的东西。由于它已经被改造得相当了不起，人们期望它是一个奇迹，但是，奇迹没有出现，基因设计仿佛在愚弄人。

　　为了生产流水线平稳和高效地运行，工业食品系统要求统一。统一令食品加工更快、更廉价，更别说方便了！例如，标准化烘烤出来的长面包适合在生产流水线上传送，手工制作的长面包则不行，因为后者形状各异，在面包师傅的照看下，使用传统烤箱烘烤，保留了天然的食材成分和迷人的不规则形状。此外，如果面包大小、形状和颜色相同，判断奶酪是否有"完成度"也就没有那么复杂了。

为了保证某些蔬菜上市时"看上去不错"，世界各地的工业化农场已经开始在被高度控制的环境中种植农产品，这种环境要求大量地使用除草剂和杀虫剂。在我看过的有关食物的电影中，最震撼我的是《我们每日的面包》，大约 15 年前，奥地利导演尼古劳斯·葛哈特拍摄了这部电影。电影调查了东欧各地的温室工人的工作状况，他们大部分是移民。这些温室工人必须穿上防护服，给工业化种植的食物喷洒杀虫剂，控制生长过程和农作物的统一性。如今，在很多这样的"农场"，人们使用机器人来照料和收割农作物——这是另一种强迫食品系统统一的方法。长在温室里的果蔬没有遭受自然的损害，也不受天气变化的影响。比如，在温室里长大的浆果顶部的绿叶更容易保存，这让它们被送到商店时，依然看起来新鲜欲滴。温室里培育出来的西红柿，采摘后它们的茎看起来仍然很新鲜，就像刚刚采摘下来的一样。

实际上，在真正的有机农业中，不可能有这种统一性，因为有机农业的重点是，食物成熟的时间点各异，必须要分别采摘。水果的大小和形状不可能完全相同。有机食品有其严格的定义，即在种植过程中不使用杀虫剂或除草剂。但是，我对有机食品的定义还包括很多其他的标准，比如农场是否使用辐照或机械化耕作，是否种植转基因作物，以及农场工人的待遇如何。这些标准来自一个更大的农业系统图景，比大多数立法者所认定的严格"有机"标准要高得多。大约25年前，在这些新规定实施后不久，我去法国旅行，在比利牛斯山拜访了一位牧羊人。我花了一整天的时间观察他放牧40只羊的过程，他吹口哨叫羊儿从山上回来，自己挤羊奶，在火上手工制作羊奶酪。他每天做一个羊奶酪。羊奶酪的风味会随着羊儿吃那些不同季节长在山坡上的青草、草本植物和鲜花的变化而变化。羊奶酪的味道非常特别，完全是独一无二的，因为它来自那个地方和那一天。如果强迫这位牧羊人按照工厂的流程化生产过程来制作羊奶酪，他的生计就会被剥夺，因为他没有办法遵守这些统一的标准。这么做的话，人们不仅会失去美好的食物，还会遗忘传统文化。

统一减少了可食食物的多样性：它排除了特殊的、更有挑战性的食物种植或制造方式，它鼓励生产种类单一的食品。有例为证，统一推动了单一农作物的兴起。农业历史学家指出，爱荷华州曾经拥有丰富多样的农作物种群；直到第二次世界大战，这里一直是美国生物多样性最丰富的地区之一。而现在，鹰眼州（鹰眼州是爱荷华州的别称。——译者注）只出产两种农作物：大豆和玉米。对农民来说，种植单一农作物更有利可图，也更容易监测到植物的反常情况。但是，这种缺乏多样性的农业种植降低了植物种群对害虫和疾病的天然抵抗力，因为农民没有注意到，植物健康生长需要彼此的支持。实际情况是，自然界中并不存在单一的种群文化。随着农药使用得越来越多，土壤的健康日益受到侵蚀，那些没有单一种植的农作物更难生长，更容易受到伤害。事实上，随着农作物多样性的减少，主要农作物歉收的威胁日益上升，这又带来世界粮食供应风险。

统一也导致食物品种的减少。20世纪80年代，作家吉姆·海托尔曾担任过得克萨斯州农业部专员，他的研究指出，追求市场效率是如何减少杂货店货架上的蔬菜品种的。该项研究比较了1903年美国商业种子屋出售的种子品种和1983年美国国家种子储存实验室出售的种子品种。这项涉及66种农作物的调查发现，1903种作物中有93%已经灭绝，这简直令人难以置信。加里·纳布汉等民族植物学家也一直在探索人与植物之间的复杂关系，以及植物多样性的急剧下降对人类的影响。纳布汉令人信服地写道，农作物多样性的丧失，与文化多样性的丧失直接相关。全球饮食同质化损害了传统的本土农业和健康食品。

当统一成为人们存在的一部分时，它就会蔓延到文化的其他部分，并产生一种寒蝉效应。在机场，人们可以看到这种统一：无论何时何地，每一个航站楼的优惠措施一模一样。在购物中心和娱乐场所，人们也可以看到这种统一：无论何时何地，它们的外观和感觉也是一样的。一些购物中心正在走下坡路，这像是件好事儿，但只是因为这种统一转移到了互联网，人们在那儿创建了虚拟商场。工厂、仓库和屠宰场的设计和建造都是为了适应这种工业化的统一。人们无须考虑当地环境、社区、可用资源和废物等具体问题，可以在任何地方建造一模一样的建筑或仓库，这么做更有效率。不难想象，机器在一个地方运行得很好，在另一个地方也会运行得很好。这是建筑和设计的规模化生产模式。只要机器插上电源，随便放哪儿都能运行。当人们驾车行驶在高速公路上，经过壳牌加油站、塔可钟、汉堡王、麦当劳和 711 便利店的出口时，他们会看到一致性在起作用。开着开着，它们再一次出现了，人们好像陷入了某种时间循环。看着这些，我曾经很惊讶，但现在我已经习以为常。每个城市都开始变得和其他地方一样了。在我眼里，千篇一律的建筑风格、严格规范的景观小区住宅开发项目，实际上和工业化农场的住宅并无二致。

人们对食物和景观统一性的欣赏和期望已经渗透到他们对待彼此的方式中。可预测的算法、计算机的增强统计系统，影响着从量刑到医保方案再到失业福利等一切方面，人们认为它们可以消除人类的偏见，也可以减轻因人手不足而给机构带来的负担。但到头来，在很多情况下，个性化的生命故事被忽视或抛弃，进一步这又可能导致整齐划一、种族歧视和其他问题。当社会变得同质化后，我们就会忘了应当将人看成有自己的所思、所想、所爱、所恨的个体。

随手可得

随手可得是指，无论身处何时何地，人们应当得到任何他们想要的东西。在阿拉斯加，12 月份可以吃上桃子。在内罗比，可以买到法国依云矿泉水。在迪拜，可以吃到日本寿司。这种扭曲的随手可得观念不仅宠坏了人们，还让他们迷失在时间和空间之中。食物随时可得，与季节、地域无关。顷刻之间，地方性、本土性开始变得面目模糊，甚至消失。本土文化，以及发生在这片土地上的事儿并不重要，重要的是，大范围的、同质化的、随手可得的全球化，这才是现实——也可以说，这是一种不现实。在这种对随手可得的追求中，甚至连人的个性化生活也消失了。

去年我去拜访朋友芝诺一家，他们在圣地亚哥附近经营着一个了不起的农场。当时正值盛夏，他们的农场摊位上摆放着漂亮的本地西红柿——几十个品种，五彩缤纷。果子丰饶的颜色令人叹为观止：切罗基紫、斑马绿、漫天红条纹、金条纹。一位女士停下车，手里拿着食谱。她的第一句话是："哦，你们没有豌豆吗？"

这句话完美概括了食物应该随手可得的观念对人们的影响。因为随手可得，人们对自己眼前的、成熟的、当季的美味食物往往没什么感觉。随手可得让人们对这一切都视而不见。人们习惯于认为，在一年四季，他们想买什么食材，就可以买到什么食材，但他们对农作物及它们的生长周期一无所知，就好像在没有四季的土地上做饭。无论住在哪儿，无论是 11 月、1 月或是 4 月，人们都能买到西红柿。当然，与自然成熟的西红柿相比，转基因西红柿的味道就是拙劣的仿制品，它可能是从 8000 英里以外运来的，完全比不上夏天采摘的西红柿有营养。它一点也不有机。然而，它就在杂货店的货架上，随时等着你去买它。吃

随手可得

了一整年的二流西红柿，当真正的西红柿上市时，你对西红柿就没什么兴趣了。吃了这些淡而无味的西红柿后，人们已经麻木了，他们甚至都不能确定自己是否真的喜欢吃西红柿。当他们每天清晨都在吃着蓝莓配麦片时，他们就不会注意这是成熟的美味蓝莓，还是没有成熟的蓝莓。当人们将食物看成理所当然，当人们认为特定的食材总是随手可得，他们就不再对食物充满好奇心了。他们不会欣赏食物从哪儿来，由哪些人种植，仿佛它随手可得。在人们的生活中，隐藏在农业里的神秘和劳作消失了。

　　不管在什么季节，每个人都将切片西红柿放在汉堡里——因为他们喜欢这样。人们习惯了吃汉堡配生菜、西红柿和薯条，这是他们喜欢的饮食方式。关于随手可得，土豆和炸薯条提供了有趣的例子，由于土豆可以长期储存，人们一整年都能吃上当季的土豆。但这种方式根本不是人们以为的那样。如果真的遵循季节规律，人们就会发现，不同季节，不同品种的土豆的含水量不同。因此，人们可能需要改变一下制作土豆的方法。

例如，第一季的黄褐色土豆含水量较高，不适合做拔丝洋芋和薯条。因此，我们餐厅的做法是，煮去皮的黄褐色土豆，煮到土豆边缘变得略微蓬松，再煎，煎到它们变得酥脆。当然，快餐文化自有其不同的解决方案：快餐企业采用工业化种植的爱达荷土豆，将它们加工成薯条，再浸泡在酸式焦磷酸钠中以防它们变色，然后冰冻起来，这样一来，不管在什么季节，不管在哪儿，人们都可以永远吃上相同的炸薯条，口味不会发生任何变化。

水果和蔬菜可能会在运输过程中捂熟，但它们不会变得美味，几乎所有的水果和蔬菜都是如此。但也有一些例外，比如梨子和牛油果要一段时间，才会成熟，变得更加美味。但是，对于绝大多数食物来说，如果没有成熟就采摘，味道总不如自然成熟的好。你无法伪造成熟度。加糖或糖浆也只是骗骗人而已。但是，工业化种植者必须在桃子没有成熟时采摘，并指望它在运达目的地之前不会烂掉；当生桃子从一个国家运到另一个国家时，运输过程无法令它自然成熟。从技术上讲，虽然过季了，人们还可以吃上新鲜桃子，但这是一种人造的成熟和味道。从被采摘的那一刻开始，水果和蔬菜就不新鲜了，更别说自然成熟的水果和蔬菜的营养价值是最高的。几十年来，为了满足人们对反季农产品的需求，运输水果和蔬菜所需的时间越来越长。在工业化食品系统中，从食物的种植地到食物的消费地的距离，平均有15000英里。半个多世纪以来，人们选择种植什么农作物是为了方便运输，而不是为了味道和营养，人们强迫农作物生长在不适合它们生长的土地上。人们已经慢慢习惯这一切，并认为本该如此。

理解随手可得似乎很简单。但是，快餐文化创造了太多的灰色地带，人们很难再走进超市，也不懂什么才叫真正的时令生鲜。人们也不清楚某个特定的地方会出产哪些食物，这种现象特别普遍。以罗马为例，其实罗马并不出产洋蓟。但是，一年四季，罗马的每份菜单上都有洋蓟。它们从哪里来？谁把它们带到罗马来的？我总是惊叹，欧洲市场的同行们隐藏食物来源的技巧是如此巧妙。我想原因大概是，美食是欧洲人的根基，他们知道如何以吸引人的方式向客人展示水果和蔬菜。所有餐厅都在迎合游客的口味——讽刺的是，这些游客追求的是某种"正宗"的本地油炸罗马洋蓟的体验。但他们被骗了。

1965年，在法国我只能买到本地种植的食材。我所接受的饮食教育来自法国的慢食文化。我关于饮食的全部哲学都是在那儿诞生的。但是，在过去的十年里，我看到了变化的发生。1971年，巴黎的主要食品市场中央市场（Chatelet Les Halles）从市中心搬到了机场附近。中央市场搬迁后，空出来的黄金地段给了大型国际供应商，它们用飞机运来法国可能还没上市的反季食品；少数仍能负担得起摊位费的本地有机农民被排挤到大厅后面。这导致了法国本土饮食文化的改变——突然间，人们可以在农贸市场上买到香蕉和芒果。也许有几家三星级餐厅坚持使用本地农场供应的食材，但并不多。

在世界各地，主要城市对自己的定位已经从现在实际是什么，转变为自己"应该"是什么的想象了，这也是人们对随手可得的追求而导致文

随手可得

化改变的另一种方式。同样的情况也发生在伯克利和旧金山——人们认为加州是万物生长的丰饶之角。他们来到这里，期待着土地的恩赐。他们一年四季都想要吃牛油果和葡萄，马上就要吃到，即便过了出产牛油果和葡萄的季节。

几年前，亚洲协会美中关系中心主任奥维尔·谢尔（Orville Schell）请我在北京为他举办一场晚宴，作为该协会与中国政府文化交流的一部分。当开始计划这次晚宴菜单时，我以为在北京可以买到有机鸭子。毕竟，北京烤鸭是中国最著名的菜肴之一；它出现在很多菜单上。我从未想过我们会找不到它们——一定有人在某个地方养有机鸭子。但是，在我抵达北京的前十天，我们得知北京的每只鸭子都是由一家法国企业集团以工业化方式养殖的。唯一可能找到有机鸭子的办法是，从车程 12 小时以外的农场运活鸭子过来，然后自己宰杀。无论怎样，我们都得找些本地的食材。我们在北京附近找到了几个有机养猪农场，在最后一刻把菜单改成了烤猪肉。即便如此，为了有足够的有机猪肉做晚餐，我们不得不自己从附近四个不同的农场买猪。

随着源源不断地供应，人们变得更容易受到食物供应体系的影响；当人们不重视季节或成熟的乡土品质时，他们就更容易被全年无休供应的甘蓝沙拉和牛油果吐司所诱惑。工业化农业深谙创造需求和营销商品之道，它们以健康和时尚为噱头向人们推销食品，这时候，人们几乎不可能知道牛油果和甘蓝的产地在哪里。尤其是牛油果，无论是哥本哈根，还是圣保罗，它似乎无处不在，如今牛油果吐司已经出现在每个人的早餐和午餐菜单上，无论人们在哪儿。因为牛油果很"健康"，也因为很多孩子都喜欢吃牛油果，所以人们很难拒绝它们，随着时间的推移，人们真的以为一年四季都可以吃到牛油果。这种对牛油果的越来越多的持续需求影响到了它们的生长地——墨西哥的自然环境，单独种植牛油果需要持续的水源供应，像墨西哥这种种植牛油果的国家，土壤里的含水层正在枯竭。此外，这些牛油果被运往数千英里以外的目的地，由运输所带来的碳排放也是问题。人们并不知道牛油果是否是有机的，

随手可得

对食用它们的人和种植它们的土地来说，它们到底能有多健康呢？

就像"统一"一样，随手可得对生物多样性也有影响。为了让食物随手可得，工业化种植会放弃那些成熟期较短和不易运输的食物品种，比如美味好吃但转瞬即逝的桑葚，皮薄易碰伤的布兰尼姆李子。这些水果品种根本不可能全年供应。于是，人们就不再大规模工业化种植这些农作物了，它们处于濒临灭绝的境地。为了迎合食物随手可得的需求，农民也改变了他们的种植方式。我的导师、烹饪作家马德赫·贾弗里写过，几千年来，小米一直是印度的支柱农业；它抗旱，能在极端炎热、干燥的气候中生长，而且小米非常有营养。但是，随着小麦需求的增长，小米被小麦取代，这在很大程度上是为了满足西方人的口味。在印度，小麦不如小米好种植，为了确保小麦存活，人们使用了更多的干预措施，如杀虫剂和土地剥离；此外，小麦也不如小米有营养。

随手可得不仅仅与季节有关，它让人们产生一种错误的想法，即食物资源的供应是无限的。

人们觉得金枪鱼应该出现在每一份菜单上，所以他们从世界各地运来金枪鱼，耗尽了鱼类的种群。以 2004 年休伯特·索伯的一部奥斯卡提名纪录片《达尔文的噩梦》（Darwin's Nightmare）为例。这部纪录片讲述了在坦桑尼亚维多利亚湖，一群世世代代靠捕鱼为生的渔夫的故事。20 世纪 60 年代，苏联向非洲出售武器和弹药，他们使用大型运输机向非洲运送这些物资。苏联人觉得，返程时他们应该带点东西回去，这样可以赚点钱。他们发现，当时欧洲市场对白鱼片有极大的需求，可以从坦桑尼亚进口白鱼片来满足这种需求。于是，苏联人在维多利亚湖播种养殖尼罗河鲈鱼，这种外来物种很快就吃光了湖中所有的本地物种。为了快速冷冻鱼片并迅速将其运输到欧洲，必须在湖边建造鱼肉加工厂，这又污染了湖水。随着时间的推移，当地人陷入了饥饿的边缘，被迫以丢弃的尼罗河鲈鱼尸体为生。这部电影讲述了整个湖泊周围的生态系统、经济和文化的改变及破坏——所有这些都是为了满足欧洲人对全年无休供应食物的欲望。这是我看过的最震撼人心的纪录片之一。

　　快餐文化并没有帮助人们认识到某些食物应
该是某些地方的土特产，相反，它利用了与平等
相关的随手可得的观念。它扭曲了镜头，使随手
可得的观念变成"不应该剥夺享用食物的平等
权！""每个人都应该能吃到这些食物，无论他们
住在哪里！"快餐行业的目标是以尽可能低的价格
向所有人提供所有的食物。抽象地说，这个目标
听起来很高尚。确实有一些真正的困难需要解
决——生活在"食物沙漠"社区的人应该吃到新
鲜的食物。但是，为了让每个人都能吃到某种特
定的食物，食品公司必须开展工业化生产，但工
业化生产出来的食物既对人没有好处，又破坏环
境，农场工人也没有得到养家糊口的工资。例如，
玉米饼前应该人人平等。每个人都有权利食用玉
米饼。墨西哥拥有世界上最丰富的玉米品种多样
性，但是，为了让每个人都能吃上玉米饼，快餐
业破坏了墨西哥文化。长期以来，玉米饼一直都

是墨西哥人的传统基石，是他们身份和营养的根基。但为了满足全世界的需求，玉米饼的制作规模扩张；农民们所种植的玉米品种越来越少，而且他们大量采用非有机的工业化生产模式。在这种工业化食品体系中，许多工人的生活陷入贫困。这能有多平等呢？同样的转变也发生在世界各地的面包、大米、藜麦等其他主食上。

随手可得还意味着人们甚至不必去快餐店买快餐——他们可以在街上、在自动售货机里买，不管他们想吃什么，动动手指就可以找到。食物被装瓶，被加工，被密封在塑料里，这些塑料无处不在。50年前，糖果只能在特定地方才能买到，比如杂货店或糖果店。现在糖果无处不在；即使人们在一个与食物完全无关的地方，比如收银台上也有包装好的甜食吸引着他们。界限不断模糊。人们可以在每一个加油站，每一个便利店，每一个药店买到糖果，处处随手可得。我们中有多少人，一进酒店房间，就会直接去看看小冰箱里有什么？我们希望找到相同的小包装咸味坚果、相同的软饮料、巧克力棒和薯片。快餐是如此简单、熟悉和触手可及，它们近在眼前，诱惑着人们去吃它们，这种随手可得正好满足了人们的嗜好。

当这种随手可得的观念渗透到人们生活的其余部分时，意味着什么？人们希望无线网络无处不在；人们希望全世界都能收到手机信号；无论身在何地，人们都希望联邦快递能在一夜之间送达。无论走到哪里，人们都在寻找有线电视。无论在哪座城市，人们都希望在手机上一打开应用程序，附近就有一辆空驶的 Lyft（打车应用程序。——译者注）出租车。人们正在失去对自己文化的认同，他们让自己从特定的时间和空间中抽离。如果任何东西可以在任何地方出现，那么人们自己也可以在任何地方出现——人们正变得面目模糊，并彼此相似。随手可得正在创造一种同质化的全球化文化。

广告

广告是快餐文化的传播方式。通过促销、营销、产品设计、品牌推广、统计分析、包装等各种吸引消费者注意力的手段，广告试图塑造人们的世界观和道德观，甚至在人们品尝食材、使用产品之前，广告就告诉人们它们好不好。从理论上讲，广告能提供真实信息，帮助人们做出明智的决定和选择，我们应当相信广告。但是，在大多数时候，广告故意反其道而行之，使用折中的或者不透明的信息来分散人们的注意力。广告若无其事地对公众隐瞒实情，误导公众，削弱他们的判断力。实际上，这是欺骗和谎言。相信广告的人很容易受到错误信息和不诚实行为的伤害。

七岁时，我就记住了一首广告歌，这首歌在我最喜欢的电视节目《米老鼠俱乐部》中播放。它的配乐用的是《美国无所事事的花花公子》(*Yankee Doodle Dandy*)："R-O-N-Z-O-N-I，是龙佐尼（Ronzoni）的拼法/美国最好的意大利面和最美味的通心粉！"我喜欢跟着广告唱那首小歌，每次看到杂货店货架上一字排开的龙佐尼盒子，我都会非常兴奋。如今六十五年过去了，那首小歌依旧铭刻在我的脑海里。人们一听到这首广告歌，就想吃意大利面。这就是广告的力量。人们一看到麦当劳叔叔，就想吃麦当劳的汉堡。无论走到哪里，人们所喜爱的影视人物、体育英雄、CGI 食品和会说话的动物都会找到他们，建议他们买什么、吃什么、订阅什么、加入什么。

潘尼斯之家餐厅从来没有做过广告。众所周知，我们餐厅一直都是靠口碑做起来的。我希望人们感动地说："我喜欢这家餐厅，你也应该去那里吃饭。"只有当我想努力让餐厅变得更好时，我才会想到推广和营销。我想知道为什么有人不吃某道菜。市场营销中最重要的部分是自我反省，是自己给自己提出一些难题：我们做得对吗？就像为了吸引年轻的客人，我们餐厅开始推出深夜菜单时那样。我努力让餐厅更有活力，人满为患，直到深夜，我也努力让整个社区的人都吃得满足，让每个人都觉得餐厅对他们敞开大门。我们做过一个符合营销标准的测试，这个测试调查晚上9点钟后，少量草饲牛排、薯条加上一杯红酒，顾客能接受的价格是多少。

然而，设计广告的目的是，激发一种可能根本不存在的欲望。当人们被持续不断的、充满说服力的图像和信息包围时，我相信最终他们的潜意识会发生如下变化——如果某件东西没有打广告，他们会认为它不好或者不值得买。当人们走进一家商店或线上购物时，他们搜寻的不是商品；他们只会搜寻自己熟悉的品牌：耐克、百威、宝洁、三星。如果出来一个人们不熟悉的品牌，他们可能不会立即信任它。广告以某种方式引导人们评价周围世界，并最终导致人们失去判断能力。广告剥夺了人们的判断力，它让人们无法判断产品的品质或者工艺。正是通过这种方式，广告传递了价值。

广告要从娃娃抓起。不久前，我与一个坐在婴儿车里的小女孩擦肩而过，看到她将一个巨大的可口可乐瓶抱在怀里，就像抱着一个娃娃一样。那瓶子几乎和她一样大。还有一次，我在飞机上遇到一家人，他们带着一个小婴儿，婴儿的奶瓶上也装饰着可口可乐的标志。这些触目惊心的例子表明，人们对某个品牌的熟悉和信任从婴儿时期就开始了。在人们能意识到这一切之前，即从出生那一刻开始，他们的大部分生活都被烙上了这样的印记。这些贴上商标的奶瓶是赠送的，这就是为什么人们会使用这种奶瓶。谁能对免费说不呢？不用白不用。但一旦人们开始使用它们，并将它们植入生活，人们就会习惯，接着每个家庭成员都会受到潜移默化的影响。20 世纪 70 年代和 80 年代，大型烟草公司收购了酷爱、夏威夷果汁和果倍爽等儿童饮料品牌，开始利用他们销售香烟的广告经验来吸引孩子们喝含糖饮料。这一切都太顺利了。五岁，即在孩子们学会阅读之前，他们所认识的品牌就达 100 多种。

杰出的英国电影制片人亚当·柯蒂斯拍摄了一部名为《自我的世纪》（*The Century of The Self*）的纪录片。在这部纪录片中，他探寻了 20 世纪40、50 年代消费主义和快餐文化的起源，以及广告业的兴起。通过宣传和使用心理学技巧，美国政府说服公众参与战争，以及购买战争债券支持战争。我父母家的胜利花园就是这种宣传运动的一部分。营销人员发现了这些技术的成功之道，也开始使用它们。最初，他们使用这些方法创造使命感，让人们为了共同利益团结起来，后来他们使用这些方法创作情感故事，销售商品。柯蒂斯详细描述了广告在时尚、化妆品和食品行业的传播速度。广告总是伪装成在帮助消费者寻找他们想要的东西，由于广告的影响，人们立刻就能在网上找到想买的毛衣、发现 20 英里之外的星巴克咖啡馆。广告挖掘人们的欲望，然后利用它们。在提供信息和定位目标客户这两个功能之间，只有一条模糊不清的分界线。

　　广告业擅长制造一种小确幸，让人得以脱离当下的现实。走进一家肯德基，人们看到的不是挤在笼子里的成千上万只鸡的照片，而是一张桑德斯上校的照片，照片里桑德斯上校身穿白色制服、系着活泼的蝶形领结。这是一种有意而为之的混淆。走进一家汉堡王快餐店，人们会看到那儿有一位快乐的国王，或者看到一个色彩鲜艳的儿童游乐场，此情此景之下，他们绝对不会想到工业化的养殖场。想想吧，对孩子和他们的父母来说，广告所制造的这些景象是多么的魔幻。在2006 年出版的《咀嚼这个》（*Chew on This*）一书中，埃里克·施洛瑟和查尔斯·威尔逊写道："一年里，一个典型的美国孩子要看 4 万多条电视广告。其中大约有 2 万条是汽水、糖果、早餐麦片和快餐等垃圾食品的广告。美国学校没有在课堂上向孩子讲授关于食物的知识。一遍又一遍地重复播出的垃圾食品广告告诉孩子们，他们应该吃什么。"

数字媒体改变了孩子们观看节目的方式。同样的广告策略也渗透到了互联网平台，在这些平台上，用户之间的联系更加紧密。商家不仅仅在优兔（YouTube）视频或照片墙（Instagram）的评论中插入广告；它们也引诱社交媒体的内容生产者，将快餐产品植入他们的故事和评论中。快餐公司还直接进入小学免费分发品牌玩具，他们盼着每个学生都带父母去他们的餐厅。对快餐公司来说，这是一笔一举三得的交易：一个免费玩具，为他们带来了三个顾客。

提供信息和定位目标客户之间界限模糊也助长了如下想法，即儿童用餐娱乐化，将儿童食物与成年人食物分开，给儿童提供华丽的"儿童菜单"——这种简化菜肴限制了儿童对食物的看法，可悲的是，儿童虽然与整个桌子上的人一起吃饭，但他们的食物与其他人的食物没关系。同时，这也是一种让人上瘾的食物，别有用心的设计俘获了儿童的心，令他们成为这种食物的终身顾客。难怪人们会在小学、初中和高中看到一模一样的快餐小贩：10%的小学和30%的高中的餐厅每周都提供品牌快餐。

每个人都想着向学生做广告。这个问题已经制度化了。大型食品和饮料公司向学校和大学捐赠大笔资金，用于资助、建设科学大楼或新体育馆，但这些捐赠资金是附条件的，自动售货机、独家合同等等一切附加条件都要进来。人们很难从这种状况中脱身。附条件的捐赠很普遍，在学校、大学和博物馆等教育和文化机构，问题尤其严重。捐赠资金的使用也是附条件的。对此，这些机构没有讨价还价的能力，因为他们的基本服务高度依赖商业公司所提供的资金。我真的不知道有哪家机构愿意冒着失去资金资助的风险，去拒绝这些附加条件。但是，我希望大家能认识到，学生的健康也为此付出了代价。在美国，三分之一的儿童将患有糖尿病，值得一提的是，这种疾病在黑人儿童中更普遍，他们死于糖尿病的可能性是白人儿童的两倍多。然而，人们仍在不断地向学生们推销对他们健康不利的食品。

在《远古的未来：向拉达克学习》（*Ancient Futures: Learning From Ladakh*）一书中，社会活动家、人类学家海伦娜·诺伯格·霍奇（Helena Norberg-Hodge）记录了 20 世纪 70 年代末，在第一次接触西方文化和"发展"后，一个偏远的、自给自足的藏传佛教山地社区是如何被改变的。在这一过程中，前工业文明被西方广告的声音和图像淹没。诺伯格·霍奇说，在这 20 年间，许多年轻人离开了他们所在的社区，前往遥远的城市，部分原因是为了追求他们在广告牌和电视屏幕上所看到的、更富有魅力和繁荣的城市生活。但可悲的是，最终大多数人在城市里无家可归、穷困潦倒，他们所拥有的宝贵的、独特的、以土地为生的传统技能，不仅在这些新的、不断扩张的城市环境中毫无用处，反而加剧了他们的贫困。诺伯格·霍奇的研究并不是反对所有的现代化，也不是让拉达克人永远与世隔绝。现代化和社会进化问题是复杂的，这个故事令人悲伤的一面是，广告是如何影响拉达克人的身份构建。

当人们盲目相信广告时，一个危险的后果就是被迫接受含义歪曲的词语，为了盈利，商家会赋予某些词语特殊的含义——我称之为术语问题。现如今有机意味着什么？自然吗？本土是什么意思？公平贸易吗？经过一两周的长途运输，从数千英里外运来的食物，新鲜吗？这些术语的定义已被挪作他用。它们的含义似乎是波动的，更多被用来营销、盈利，即推广，而不是服务于明晰的意义和真实的信息。

这些术语被劫持的速度之快，令人恐惧。当食品运动找到一个可以为自己所用的新术语时，比如可持续性，它会立即被快餐文化利用，并在任何地方不加区分地使用。很快地，即使这个词语没有变得毫无意义，它的含义也会变得模糊，充满误导性。"无杀虫剂""政府认可""牧场饲养"，到处都是这类含义滑头的术语。

说起来也怪，一些标准反而降低了另一些标准，比如食品公司游说，要求将其产品中的高果糖玉米糖浆等人造化合物定义为"天然成分"。术语问题的背后是标准问题。我们所使用的真正标准是什么？它们来自哪里？在不同国家，标准并不相同。例如，对智利的农场来说，有机食品的标准可能与加利福尼亚州不一样。于是，每个人都很困惑，这种困惑挫败了设定标准的初衷。

我知道这样的讨论很适合《波特兰迪亚》（美国情景喜剧，讲述了男女平等主义者的书店老板、自行车邮差、朋克摇滚夫妻、附庸风雅的二重唱等各种奇特角色之间发生的喜剧故事。——译者注），但关于食物，我们确实需要不断地问自己如下问题：这是本地的吗？"本地"必须有多近？它真的是有机的吗？加州的有机农场主认证项目的标准高于美国农业部的联邦标准，谁来证明？这些鸡真的是散养的吗？它们养在多大的牧场？农场里长着什么？有给动物补充人工饲料吗？饲料来自哪里？农场工人是否得到了公平合理的工资？是否被认为是农场中有价值的成员？所有这些都需要证书，除非你认识农民和牧场主，并能验证他们的生产经营过程。

多年来，总部位于华盛顿特区的国际生命科学研究所（ILSI）一直接受零食和垃圾食品行业巨头的资助，雀巢、麦当劳、百事可乐、百胜餐饮集团，全是快餐美味！ILSI 在世界各地运作——主要在发展中国家，它为科学家和政府官员的营养研究提供来自食品工业界的资助，从而影响国家粮食政策。尽管该组织声称自己不是一个游说团体，但越来越多的人已经注意到了它与食品工业界之间的关系。厨师杰米·奥利弗揭露了英国学校食堂所供应的不健康食品，令人触目惊心。

还有碳信用。从理论上讲，碳信用是一个听上去很好的概念——给减少碳排放的项目捐款，购买碳信用额，从而抵消捐款人的碳足迹（碳排放量）。但我担心，这种做法只是为了让人们不再为其制造的污染感到内疚。我认识的一些环保人士，也质疑碳信用额度是否真的有助于拯救巴西热带雨林。无论如何，某家公司购买了碳信用额并声称自己是"可持续的"，这并不能说明该公司的实际商业行为是可持续发展的。由于没有可靠的参照对象，在某一点上，事实变得模糊不清，人们只能无休止地重复那些很难被证实的想法。

我刚刚看了纪录片《社交困境》（*The Social Dilemma*），令我震惊的是，人们在智能手机和笔记本电脑上的每一次点击，都会向互联网发送信息，互联网又会根据这些信息来定制下一步人们所收到的信息，这样一来，互联网所发布的信息就越来越符合人们的个人口味和习惯。从理论上看，这些听上去很好，但这些由计算机用算法提炼出来的信息，是单独发送给每一个人的；你看到的是这个故事，而我看到的是另一个故事，故事是什么取决于人们各自的爱好和意见。在这种情况下，算法正在分裂公共空间，我担心，以充满偏见的方式传播由计算机用算法自动生成的信息，最终会威胁到民主。

许多人认为，自我营销是企业发展的关键，是一种必要的邪恶。如果没有广告、营销活动和公关宣传，企业就没办法蓬勃发展。大约四年前，我们就"潘尼斯之家"这个名字的商标问题进行了激烈的争论。我们有一个董事会，董事会里的每个成员都认为应该保护这个名字。但我不这么看。如果街对面有一家名叫潘尼斯之家的餐厅，我会很高兴，顾客必须自己判断每家餐厅的品质和诚信度。这么做，只会让这两家餐厅变得更好。我希望顾客能够自己做出选择并得出结论，我们家餐厅的食物是正确的、真实的、美味的。如果顾客不上门，一定是有原因的。你不能用打广告来回避这一事实。

当对广告的盲相渗透到整个文化时，真正的危机来了：人们与真理的关系发生了变化。当商业对事实的歪曲和回避被认为是自然而然的时候，人们就更难辨别和评价各种真实性了。新闻是"假的"，事实是相对的，公认的客观性和真理的基础是难以捉摸的，撒谎是理所当然的。所有这些都损害了人的判断力，让他们无法做出明确的选择，无论是个人选择、社会选择，还是政治选择。但是，更重要的是，广告阻碍了我们在全球变暖和气候变化等重大问题上的前进步伐。在这些问题上，立即采取明智、务实的行动至关重要。

廉价

廉价。在当今世界，人们已经将支付能力和廉价混为一谈。当人们把廉价看得无比重要时，就再也没有人去关心产品质量了，也没有人关心产品对他们或者对地球是好还是坏，他们只关心这笔交易划不划算。人们不知道产品的真实成本，一个原因是没有人告诉他们，另一个原因是许多产品的定价很低，而这种低价源于公司补贴和公司耍的价格战花招。我们都需要明白一个基本的事实：食物应该是人们负担得起的，但食物绝不能廉价。

在我们周围，廉价的话语无处不在："买一送一！""一美元的汉堡包！""Food 4 Less！"（美国生鲜仓储连锁店，以商品价格便宜而著称。——译者注）。2017 年，时任亚马逊总裁杰夫·贝佐斯收购全食超市（Whole Foods）（美国生鲜超市，主打新鲜、天然、有机、无添加物的各类食品。——译者注）时，采取的首批行动之一就是价格战。像亚马逊这样的大型跨国公司打得起价格战；它们可以用其他盈利业务来弥补因降价而导致的亏损。当然，它们这么做的目的是希望能够招徕新客户。于是，随着时间的推移，公众开始认为那些虚假的低价是真的。是的，消费者从低价中获益。但是，那些种植食物并将其带到市场上的人呢？快餐文化轻而易举地就让我们忘了他们。廉价让人们蒙上眼罩，对食物种植者视而不见；他们只关心价格。

每当我听到有人说，"我在这里买的这样东西更便宜，"我只是凭直觉觉得，在别的地方一定有人被欺骗了，比如那些为我们采摘果蔬的农场工人。在此地不为某样东西付钱，并让彼地的生产者得不到他们应得的报酬，这么做不对。人们自以为节俭有度，却没有意识到他们正在制造其他的问题——环境问题、健康问题。最终，这些问题将会让他们付出更大的代价。

削减成本是从源头开始的。只有使用杀虫剂，工业化农场的农业生产才更有效率，才更有利可图——简言之，食物才能廉价。普通人并不知道杀虫剂和除草剂是什么，人们几乎对它们一无所知。如果食物是有机种植的，它会遵守美国农业部的有机认证标准，但人们并不知道工业化种植的食物需要采取哪些具体措施。食品外包装上列有食品成分表，但它并没有披露一篮工业化种植的蓝莓使用了多少农药。此外，虽然工业化种植的蓝莓可能比有机种植的蓝莓更便宜，但工业化种植所使用的杀虫剂可能会对地下水和土壤产生长期的影响。对农药导致的人类健康风险，公众知之甚少，他们也不太清楚解决这些问题所需要的成本。20世纪80年代，为了提高苹果产量，大量的"阿拉"（Alar，一种植物生长调节剂，用于果树，能抑制枝条徒长，促进花芽分化，增加坐果，提高果实品质和产量，还可延长其贮藏寿命。——译者注）被喷在苹果上，直到今天我依然清楚地记得这一情景。只有像梅丽尔·斯特里普这样的电影明星，才让我们想到农药和其他农业化学物质的存在；儿童吃苹果比成年人吃得更多，儿童会接触到更多的杀虫剂。至于农场工人，他们所接触的化学物质可能比消费者要高出数百倍？这些都是我们正在解决的问题，因为我们在坚持底线。

大型连锁杂货店的食品价格如此廉价的另一个原因是，这些杂货店常常为农民提供稳定的、批量的买家，作为交换，农民以低价将农产品卖给它们。由于农民很难年年获得稳定的收入，他们被迫低价交易。结果是，顾客得到了更廉价的食物，但与此同时，农民和农场工人赚得更少了。

快餐店保持低成本的常用方法是，使用非常廉价的基本食材。它们的菜单是可预测的；它们总是高度依赖面包和土豆，当然还有大量的盐、糖和脂肪，然后将这些基本食材转化为让人易上瘾的美味食物。肉类本身就是一种昂贵的食材，但人们可以通过改变饲养动物的方式使肉类变得更廉价。例如，工业化饲养的牛吃的是转基因玉米，它们没有在草地上吃草，也没有在牧场散养。牛是反刍动物，这意味着它们本应该吃草。玉米不是牛的天然食物，吃玉米扰乱了它们的消化系统，让它们迅速增肥，也使它们容易生病。大约15年前，我听完迈克尔·波伦（Michael Pollan，美国美食作家，加州大学伯克利分校的新闻学教授。——译者注）讲奶牛的工业化养殖以及谷物饲养对奶牛的影响后，我回到餐厅说，"就这么定了。我们餐厅不再供应任何牛肉，除非它是草饲的"。是的，使用草饲牛肉成本更高，而且草饲牛肉的肉质很硬，我们还得下功夫研究如何做得口感好。但是，潘尼斯餐厅从未回头。供应草饲牛肉也是我们基于健康做出的决定：事实证明，与玉米饲养的牛肉中的脂肪不同，草饲牛肉中的脂肪实际上对人有益。如果做得足够好的话，草饲牛甚至可以帮助应对气候变化。

遵循快餐模式运营的餐馆所出售的食物价格便宜，不仅是因为它们使用廉价的原材料，还因为他们没有给厨师、服务人员等工人支付生活工资。如今，在提供餐桌就餐服务的快餐店里，服务员的工资低至每小时 2.13 美元，这些人几乎完全依靠小费生存。还有一些快餐店的工人甚至没有机会赚取小费。餐厅工人活动家和倡导者萨鲁·贾亚拉曼已经和简·方达、莉莉·汤姆林合作——这两位演员从前都做过女服务员，提醒国家和社会关注这一问题。20 世纪 60 年代，我在一家廉价餐厅当服务员，工资很低。当时服务员工资只是象征性的，因为大家都知道，服务员会用小费来弥补不足。这导致了一系列的问题，其中最重要的问题是压力——服务员面临着必须在餐桌上自我推销的压力。

人们对廉价的渴求也赶走了本地商业；如今的城镇，各种快餐连锁店和大卖场大行其道。市郊的土地更便宜。因此，大公司借助卫星遥感技术，开始将廉价商店建在人烟稀少的市郊，很快每个人都会去位于边远地区的好市多（Costco）、目标（Target）、家得宝（Home Depot）购物，而不再光顾位于城市中心的五金店或肉店。城市中心正在被遗弃。很多人关注城市中心的食物沙漠问题，出现这些问题的一个重要原因是，郊区的廉价杂货店挤走了市中心的小商铺。

廉价的加工食品遍布世界各地。2017 年，《纽约时报》的一则报道指出，在巴西的贫困社区，雀巢公司的员工挨家挨户地推销垃圾食品。在富裕国家，大型食品公司的市场已经饱和了，于是这些公司开始前往发展中国家，开拓新的市场，俘获新的消费者。他们试图让人们放弃传统的饮食习惯，结果是肥胖水平上升。圣保罗大学的公共卫生教授卡洛斯·蒙泰罗指出，"在流行病学中，我们看得到疾病的载体——蚊子是疟疾的载体。深度加工的食品是肥胖症的载体"，我喜欢这种说法。深度加工的食品和肥胖症之间的联系是可以量化的，是真实的。

快餐文化也助长了对全球各国菜系的拙劣模仿，可以说是简直泛滥成灾。固有的、传统的、营养丰富的、经济实惠的菜系陷入危机。像塔可钟（Taco Bell）（墨西哥快餐店。——译者注）这样的快餐连锁店，随处可见。这些连锁店重新塑造了大众对各种"民族"菜系味道的看法；不仅如此，为了与这些商业化的、流行的概念餐厅竞争，越来越多的提供类似食物的小馆子和本地餐厅被迫低价经营，这也进一步冲淡了菜品的质量和完整性。

然而，从心理学的角度看，廉价是一种极其诱人的观念，以至于人们被一种近乎巴普洛夫式的反应所驱使，仅仅因为东西更便宜就购买它们。即使人们并不真正需要打折的大袋玉米片或一盒麦片，即使它们对人们的健康没有好处，但是，很多时候人们依然被听起来很有说服力的折扣所俘获。当人们被说服在电影院里喝超大杯雪碧时，他们以为自己赚到了，但实际上大杯比普通杯花的钱多。这种"多买多省"的想法并不符合逻辑，但人们却上当了。最终，人们吃了、喝了、买了远远超出实际需求的东西——这一切都是为了交易。

这是一个微妙的话题，因为金钱是一个很情绪化和个人化的问题。听到有人唠叨，你们应该花更多的钱去买真正的食物，让人心烦。听说有人告诫，你们能负担得起的食物对你们或你们的家庭没有好处，或者听人说种植、生产这些食物的工人受到虐待，令人沮丧。当我提出这些观点时，人们会说有机食品更贵，当我支持从农场到餐桌的餐厅，人们会给我贴上精英主义者的标签。但是，这只是因为快餐业向消费者隐藏了其背后的隐性成本。例如，人们将医疗成本与食品成本分开计算，但实际上它们关系紧密，无法割裂。全球有近40%的人口超重或肥胖，这增加了包括糖尿病和心脏病在内的许多健康问题的风险。很多关于真实成本核算的研究表明，当我们把包括环境恶化和医疗保健在内的全部隐性成本都算进来的时候，工业化食品的成本比有机食品要高得多。人们认为，农夫集市上销售的食品定价很高，是人为的，但实际上，打折低价倾销才是人为的。

快餐永远是养活自己或家人最便宜的方式，这是快餐行业建构出来的另一个神话。肯德基的一份"家庭套餐"——12块鸡肉、6块饼干，30美元。从肉店买一只有机整鸡也许要花上25美元，听起来是很贵，但当你用那只鸡为四个人做三顿不同的饭菜时，这个价格就变得合情合理了。第一顿，你可以做鸡胸肉配米饭和沙拉；第二顿，你可以做鸡肉沙拉三明治；最后，你还可以用鸡骨架做玉米薄饼汤。只有自己做饭，人们才可以用有机食材做出真正实惠的饭菜。学习如何做饭，全部食材都使用原材料，才是勤俭持家的饮食方式。当人们养成做饭的习惯后，自然会使用头天没吃完的食材做晚餐。我总是说，我可以用一只鸡做三顿饭，但是，西班牙厨师、美食家何塞·安德烈斯说，他可以用一只鸡做六顿饭！关键是，要做一顿既实惠又有营养的饭菜，是有很多办法的。当你自己种植时，你的食物才会变得更便宜。就像我的朋友，一位来自洛杉矶中南部的游击园丁（游击园丁是指在废弃地、无人照管的地区或私人土地等没有合法耕种权利的土地上，种植果蔬、粮食或花卉。——译者注）罗恩·芬利说的，自己种植食物就像自己印钞票。

重视廉价不只是影响人们如何在食物上花钱。

当人们只关心廉价的时候，他们也不会关心东西能用多久，或者它们的制作工艺如何；事实上，人们并不太特别关心这些。因为当一样商品很便宜时，它就变成了一次性的了；人们更有可能扔掉那条只花了29.99美元的H&M裙子，再去买条新的。尽管人们知道塑料对环境的危害，但家电、玩具、家具、购物袋和农产品袋等无数的物品都是由塑料制成的，它们的制造成本比非塑料的同类产品要低很多。当廉价成为人们优先考虑的因素时，他们也就很难判断自己所购买的东西的质量高低，是否值得信赖了。廉价背后的部分问题是，人们没有工匠精神的观念。人们不知道，生产智能手机、取暖器，甚至抽屉柜花了多少时间，使用了什么原材料。一旦人们不知道东西是如何被制造出来的，他们就会异想天开，认为所有东西都可以并且应该是廉价的。

在潘尼斯之家营业之初，我就意识到耕种食物中蕴含着真正的劳作。菜豆怎么才卖两美元一磅呢？怎么可能这么便宜？我自己种过菜豆，我知道如何等待、观察和浇水，以及这一过程中的各种艰辛不易。人们需要花两个月的时间来培育菜豆。在这一过程中，有准备土壤的工作，有种植和打桩的工作，有采摘和运往市场的工作。只有知道和理解为种植食物所付出的所有劳作，人们才会心甘情愿地付更多的钱来购买食物。

纵观历史，各民族的人民一直都认为食物很珍贵，绝对不可以浪费。我认为，这是因为他们理解蕴含在耕种食物背后的真正劳作。

越多越好

"越多越好"是这样一种观念：拥有的东西越多，人们的选择就越多，就越好。盘子里食物堆得越多，人们就会越满足。自助餐越丰盛，人们就越能吃回本。巨无霸商场货架上的商品越多，选择就越多，生命就更圆满。不给判断、甄别留有余地。只有重量、体积和垃圾。但是，人们看不到"越多越好"对环境和健康的有害影响。

大约在 15 年前，我开始帮助耶鲁大学调整食品供应，在我看到的第一份菜单上，竟然有 10 种谷物。

"十种谷物？"我问。

"是的，学生们喜欢。"他们告诉我。

但是，当更仔细地观察这些谷物的成分时，我们注意到两件事。首先，这些谷物几乎都是由同一家公司制造的；其次，大多数谷物的成分都是相同的，它们都包括了深度加工的谷物、糖和盐，只不过配比不同。

在美国，大部分人都生活在富饶的土地上，穷奢极欲：走进任何一家超市，人们都会看到堆积如山、一排一排的食品。快餐文化让人们以为，他们拥有自由选择权，站在这个丰饶肥美的世界面前，想买什么就买什么，想从谁那儿买就从谁那儿买。实际上，绝大部分食品都是由相同的公司种植和生产的。所谓自由选择权，其实只是一种错觉。

大约 25 年前，我陪同家人参加过一次加勒比海邮轮旅行；其实我非常抗拒这次旅行，但最后我还是去了。邮轮上的食物过剩，极不合理。食物日夜供应，永不停休：早餐是丰盛的自助餐，早餐后继续吃自助餐，午餐是自助餐，午后小吃是自助餐，午夜还是自助餐。每次离开房间，我们就能看到到处都陈列着大量的食物——雕刻的热带水果、取之不尽的鸡尾酒站、堆聚成塔的可颂面包、奶酪和冷盘，以及你能想到的每一道菜。每个人都在为这种穷奢极欲兴奋——但他们也为此付出了代价。一天晚上，我们上岸了，去了一个僻静的"天堂海滩"，我们要去一艘复制的海盗船中探险。我漫步到海滩的黑暗尽头，沙滩上散落着从停靠的邮轮那边冲上来的垃圾：尿布、泡沫塑料容器、注射器、塑料水瓶。另一个晚上，邮轮在海上航行，我在船尾看月亮，突然我听到巨大的水声，一声接着一声。人们将巨大的白色垃圾袋扔出船外，这些垃圾袋几乎有汽车那么大，里面装满了垃圾，飘进了黑夜。

肥胖症在世界范围内流行，与"越多越好"的观念密切相关。肥胖症是"越多越好"的物理表现。快餐工业推动了肥胖症的流行，它不仅提供加工过的、含糖的、高脂肪的食品，而且每份菜单里食物的分量都很足。当然，快餐店的经营理念也是"越多越好"，一英尺长的热狗，夹在汉堡里的牛肉饼买一送一，超大份的芝士比萨。分量足是快餐店的另一个骗人的伎俩，油炸土豆、淀粉、食品填充物，这些食物让人觉得盘子里满满当当的，但快餐店所提供的这些食物并没有什么营养——当然，正是因为这些填充类食物价格低、分量足，公司才能赚更多的钱。

在潘尼斯之家，我们努力与"越多越好"的观念抗争。受这种观念影响，来我们餐厅吃饭的客人喜欢将食物价格与食物分量挂钩，而我们看重的是食物的质量。因此，在分量问题上，我们餐厅一直面临着压力。有时客人看着盘子里的食物，会想："真的就只有这一小块三文鱼和一堆蔬菜吗?"我从不出于对预算的考虑，去限制盘子里食物的分量（你可以用一堆土豆填满一个盘子）。我只是希望人们能够看到自己吃的是什么，去品尝它，体验它，然后慢下来。客人们经常对我说："尽管我没有吃太多，但在你们餐厅吃完晚饭后，我真的感觉很好。我吃的分量刚刚好。"他们惊讶地发现，虽然自己吃得并不多，但又觉得吃够了，餐后感觉很舒服。"越多越好"的观念让人们认为，除非要吃到撑得不行，否则就是没吃好。人们已经习惯了大吃大喝，以至于觉得晚餐吃得少并且餐后感觉吃得刚刚好，是不正常的。

我知道一家在美国和英国都有营业的连锁餐厅，在英国，它们的价格是美国的一半。我一点也不惊讶。我不知道确切的寓意是什么，但我认为并不是越多越好。

人们觉得"越多越好"意味着好客、亲切的主人想让每一位客人都吃得尽兴，有宾至如归的感觉。这一点，也许人们是从庆祝节日、生日或婚礼时大快朵颐的传统中学来的。以往，一年里只有一、两次特殊庆祝活动，现在越发频繁了。人们把感恩节的观念投射到日常生活中。在举办餐聚活动时，我常常看到这种感恩节的心态。主人总是要求餐桌上的食物无比丰盛，只有这样，他们才会觉得自己慷慨大方，钱才花得值得。最后，大部分食物都没有被吃掉，全都浪费了。

这导致了"越多越好"的一个最严重、也是最根本的问题：数量越多，浪费越严重。在我们的家里、超市里、餐厅里，都是如此。根据美国

农业部的估计，仅在美国，每年就有 30%—40%
的食物被浪费掉了。一想到美国还有那么多人挨
饿，这个数字就令我特别难过，根据美国农业部
的最新报告，在美国，有超过 3500 万人在与饥饿
做斗争。根据非营利组织"养活美国"的研究，
七分之一的美国儿童生活在食物缺乏保障的家庭。
在一个倡导"越多越好"的世界里，仍然有那么
多人在为吃上饭而挣扎，这真是太讽刺了。世界
各地的人们都在努力解决粮食浪费和粮食危机脱
节的问题。意大利的活动家、厨师马西莫·博图
拉创设了一个名为"心灵粮食"的组织，该组织
创建了本地厨房，用那些原本会被丢弃的食物，
为世界各地的人口提供食物，这些人口所在的社
区的公共服务往往不到位。在巴西，厨师亚历克
斯·阿塔拉正想方设法地找出餐馆和杂货店的垃
圾，用它们做出美味的饭菜。他一直在用那些通
常会被扔掉的蔬菜茎和叶子来烧菜；令人惊讶的
是，他甚至会炸香蕉皮！虽然人们知道甜菜的顶
部和茎，鸡骨头等部分的价值，但他们不知道如
何巧妙地烹饪它们，没有人教过他们如何用经济

实用的方式烹饪。

在垃圾桶里，在垃圾填埋场里，堆满了越来越多被浪费的食物，不仅如此，还有用盒子和气泡包装的东西，它们是环游半个地球运来的。对此，人们都有一种"眼不见，心为净"的心态；他们把某样东西扔进垃圾桶或回收箱，就觉得万事大吉了，但实际上它还在那儿呢。垃圾太多了，有时它们甚至成为街头一景。我们常常会看到，在世界各地的主要城市，街边公共垃圾桶被塞得满满的，垃圾桶不够装，垃圾就蔓延到人行道上。到处都有自助存储设备，人们可以把他们不再需要的东西储存起来，从而腾出空间来放置更多的东西！在纽约市的东河附近，一整个街区的公寓楼都变成了储藏室。我们到底在想什么？我最喜欢的作家、哲学家温德尔·贝瑞说过："不要拥有这么多杂物，当房子着火时，你会松一口气。"

在美国，人们已经习惯性地认为他们应该拥有很多很多：美国是一个超级大国，美国人应该有丰富的选择。对那些辛苦工作一周的人来说，快餐文化看起来是对他们工作一整天的犒劳，但其实是一种掠夺。每间房都有大屏幕、巨大的冰箱、每年拿出来用一次的水上摩托艇、衣柜里塞满了穿一次就再也不穿的衣服，买的房子大到很多房间都没用过，这种"越多越好"给人们带来一种功成名就的幻觉。在纪录片《凡尔赛王后》(*Queen of Versailles*) 中，电影制作人劳伦·格林菲尔德完美地捕捉到了这种贪得无厌的现象，该片讲述了 2008 年次贷和金融危机期间，一对亿万富翁夫妇正在建造一座九万平方英尺的庄园。这是一部了不起的纪录片，它记录了暴饮暴食如何被当作快乐出售给我们。

人们贪求"越多越好"部分源自历史，特别是对那些经历过战争等贫困时代或者在贫困环境中成长的人而言。"越多越好"是一种匮乏感，即永不满足。它的根源是对资源匮乏的恐惧。快餐文化充分利用了人的这种焦虑。

我们没有必要过这样的生活。我是在第二次世界大战后长大的，我记得父母把圣诞节的所有包装纸和丝带都留了下来，熨烫好丝带，留着来年再次使用。他们保存了所有的锡罐，以便金属可以再次使用，小心翼翼地将报纸捆起来供人回收。我们一家六口，只有一个 18 英寸高的小垃圾桶，一周清理一次。我们知道离开房间时应该关灯。我的环保意识来自我的家庭、我的童年，即使在当时我并能不理解这一点。当时我也想穿新衣服，不想穿我姐姐已经穿过的旧衣服。但我还是学会了，除非必要，否则不买。在 1950 年代，对消费的庆祝活动正在兴起。广告和电视广告无处不在。我父母的那种节俭生活方式似乎正在消失。但奇怪的是，我发现自己像父母一样，年复一年地循环使用包装纸和丝带；现在我女儿也这么做，这让我备受鼓舞。我知道，一旦认识到废物造成环境灾难这一巨大的问题后，人们就能找到新的、现代的方法，让不起眼的节能环保行为重新融入他们的生活。

"越多越好"也会影响经营规模的理念。在法国，我去过的所有餐厅都是小型夫妻店，有了法国的生活经历之后，我一直觉得一家餐厅的最佳规模应该是这样的：可容纳 30 或 40 名客人就餐，也许还需要一个酒吧，仅此而已。对我来说，这个规模是可控的。我无法想象自己同时经营好多家餐厅;我不知道谁在那里工作,谁在那里吃饭。有很多餐厅的老板终日乘坐飞机往返于他们的各地餐厅之间,试图在每个地方都提供同样的食物——但很少有人能成功。对我来说,组织的规模越大,就越没有个性、越不真实。你可以通过计算机、阅读新闻通讯或者查看统计数据,来获得所有信息。但是,与这些方式相比,和某个人面对面交谈完全不一样。对我而言,经营一家餐厅就是想亲自见人。我认为扩大规模会丧失个性和共同体意识。当你扩大规模时,为了确保高层拥有控制权,就要将权力集中在首席执行官身上,官僚主义就会渐长。你向你上面的人报告,他们向他们上面的人报告。个人失去了权力。人就像机器一样,这是有辱人格的。如今,如何使大规模业务更人性化,是许多公司都努力要解决的问题。

快餐特许经营是一种扩大规模的形式,它是大公司创造的一种错觉,让加盟商以为正在经营小型、个性化和"真实"的独立餐厅。一进门,每间餐厅都给人一种不同的、令人兴奋的"本土化"感觉，但通常情况下，餐厅的食物仍然来自同一个中心仓库。当一家餐厅是快餐连锁店的分支时，它几乎总是要受到合同的约束，比如从某些指定的供应商那里购买食品。为了给所有加盟商提供足够的肉类，像麦当劳这样的大公司必须从大型工业农场购买原料。例如，市场对炸薯条的需求极大，以至于这些大公司让爱达荷州的少数几个工业化种植马铃薯的农场主变得非常强大，而这些大型农场企业又从全国各地的小型种植马铃薯的农民手中收购了越来越多的土地，使他们破产。

扩张是增长的唯一途径，在对付这种根深蒂固的想法时，我时常有挫败感。我曾经参加一个有关教育和农业的小组，有人提了一个无法回避的问题：如何扩大种植规模，为所有的孩子提供有机食品？我的第一反应是：我们不需要扩大规模。当我说这句话时，人们总认为我太幼稚了，太理想主义了；人们有一个根深蒂固的想法，即只有扩大农业和分销规模，才能养活公立学校系统中的数百万学生。实际上，我认为情况正好相反：我们需要尽可能地多中心化和本地化，并支持各种中小型有机农场和牧场。一些学校已经这样做了，他们直接从当地的有机生产商网络购买食物。只有这样，我们才可以培育许多小型农场，而不是庞大的、同质的工业食品系统。我们有很好的机会从头开始培育多元化的新型农村经济。

我是从给很多人提供食物这个角度，来考虑去中心化问题的。如果你需要给一千个人提供食物，一种方法是，雇佣十名厨师，每位厨师负责给一百个人做饭。但是，传统观点认为，要为一千个人做饭，只需要一名厨师（中央厨房），就可以搞定一切。人们需要建设一条食物加工流水线，从而确保每个人吃到的食物都一模一样。人们认为，如果仅由一名厨师（中央厨房）来操办一个大型活动，出错的概率就会降低。根据我的经验，事实恰恰相反。与单个厨师（中央厨房）的单打独斗相比，团队合作总是能够创造出更好吃、更丰富、更有趣的食物。

许多人可能会争辩说，去中心化需要花更多

的钱，有机的、本地的种植不可能实现去中心化，人们不可能摆脱工业化农业模式。如果一个程序不能扩张，它就不切实际，在经济上也没有可行性。但是，这可能是快餐文化所宣扬的一个最大、最普遍的误解。这种错误的看法严重阻碍了任何进一步的对话，并妨碍了创造性地解决问题。它总是绕回到"这么做怎么赚钱?"从根本上讲，"越多越好"就是贪得无厌。

越多越好

速度

速度是快餐文化的发动机，它是其他所有快餐价值观的推动力。速度意味着一切事情应该越快越好。一下单，商品就能到手。想要什么，就有什么。追求速度将导致如下结果：只要没有即刻得到满足，人们就会有挫败感。因此，人们不考虑是否成熟周全，不留时间思考，也没有耐心。他们的期望被对速度的追求扭曲了，很容易分心。对慢工出细活，他们也没什么感觉，但是，像种植食物、做饭、语言学习、做生意或者知人阅世，这些细活都需要慢功夫。时间就是金钱。但一旦时间变成金钱，包括我们的工作在内的很多慢功夫就会变得毫无意义。

我们是怎么走到今天这般地步的？在速度的压力之下，我们的食物系统和文化是如何变得如此脆弱的？它们又是如何被设计成这样的？我认为，正是20世纪50年代的食物系统的工业化，造就了这一结果。冷冻食品公司宣传说，为家人做饭是一项繁重的工作，因此，提高做饭速度或者不做饭可以将女性从家务劳动中解放出来。从很多方面看，这么做确实解放了女性，尤其是对那些既要为家人做饭、又要上班的女性来说。美国人没有深厚的美食根基，他们尤其容易受到这种观念的影响，在美国，移民和当地居民的融合也形成了充满多样性和活力的饮食文化，但即便如此，那些拥有做饭传统的各地美国人依然被"速度"理念吸引。到20世纪50年代，许多美国人不再享受做饭的乐趣，人们已经失去了聚在一起吃饭的传统。农民们开始为了数量和方便运输而种植农作物，不再考虑食物的味道和营养。当快餐业出现时，阵地失守，所有的人都被连根拔起，全员败走。

　　这一情形与20世纪50年代汽车文化的扩张不

谋而合。人们可以开车快速抵达目的地，整个过程充满掌控感和自由感。现在吃饭也变成这样了，人们可以立刻开车去一家餐厅，不用下车就能吃上饭。速度带来了很大的便利。

快餐的填鸭式洗脑教育告诉人们，与任何其他事情相比，把时间花在吃饭上太不划算了。随着生活节奏的加速，做饭和吃饭成了第一项被牺牲的活动。我成长于20世纪50年代初，当时快餐文化还处在萌芽阶段，我们一家人总是坐在一起吃早餐。我们四姐妹会下楼，坐在餐桌边，一起吃麦片、烤面包、培根和鸡蛋。我的母亲也无法抵抗来自20世纪50年代的所谓省时电器的吸引力，但是，每天早上，全家人都会坐下来吃早餐。父亲也和家人一起吃完早餐后，再去上班。当时大家都聚在一起吃饭；人们为吃饭留好时间。但这几十年来，人们留给早餐、午餐以及晚餐的时间，都被侵占了。研究表明，与50年前相比，如今无论位于哪一个收入阶层的人，在做饭上花的时间都要少得多，而且更多的人选择不做饭。人们已经习惯性认为做饭要花很长时间，连做早餐都要花很长时间，于是，他们就准备一些便携的、预先包装好的食物，坐在车里吃。在美国，很多儿童甚至从来都没有和家人坐在一起吃上一顿饭。

　　大约20年前，我去堪萨斯州的萨利纳，参加土地研究所的理事会会议，这是一个农业研究组织。我直接从机场去土地研究所开会，得在开会前找点吃的。时间匆忙，地界不熟，我也不知道上哪儿去吃饭，于是，我决定做个实验，去麦当劳吃。几十年来，出于政治原因，我一直不吃麦当劳，但这么做似乎是我在饮食教育上的一个重大疏漏。我想知道，从开始到结束，整个吃饭过程需要多长时间。此外，我也饿了。我开车进入免下车车道，在有声菜单板上点了汉堡和薯条，付钱，拿走打包的食物，驶入停车场，将车停在一个垃圾桶旁。我饿了，吃得很快，吃好了，我将所有的包装纸和吃剩的食物都扔进垃圾桶。整个过程一共花了6分钟。我知道汉堡包和薯条没什么营养，但我原以为这些食物至少会美味可口。我原以为，在某些方面它们可能确实与众不同，比如我一直听人说，麦当劳的秘密酱料是值得一吃的。鬼知道我在想什么。但到最后，这顿饭吃得了无生趣，它既没有什么冒犯人的地方，也没有什么出彩之处；它刚好及格。薯条又脆又咸。每个人都喜欢这种酥脆的咸味小吃，我也知道为什么大家喜欢。毫无疑问，快餐就是要快。但是，我总忍不住不去想它有多浪费，它有多么没有人情味。在这 6 分钟里，我消耗了多少卡路里？整个经历就像在加油站加油。

进食是人类最基本的生理需求之一，这就是为什么一谈到食物，人们就会对速度非常敏感。这种驱动力不仅仅是一种欲望，也是一种生存机制。一天中，我们需要多次进食。每个人都有这样的时刻："我饿了，我现在必须吃点东西。"快餐业利用这种原始的饥饿冲动来诱惑人们，令他们脑子短路。

快餐文化对速度的追求贬低了整个做饭过程。快餐逻辑认为，只要是做饭，即使是很有效率的做饭，都很浪费时间，因此，应该放弃做饭。快餐文化告诉人们，"我可以用五分钟甚至更少的时间为你做好饭"。为了更快地供应食物，人们需要采取某种方式来处理食物，即把它拼装起来，随后端上餐桌。整个过程就像工厂的流水线一样。所有的原材料都必须从半个地球以外的地方大量购买，并提前用机器准备好。食物中的生命被抽空了。这个过程都与做饭背道而驰。

一旦速度控制了人们的生活，他们就会变得没有耐心。人们不会花时间在地里播种、种植，于是，他们去购买已经长成的植物。人们想要一种即时的满足感，但他们从不满足，这又进一步促使他们走得更快，并抄近路。速度与旅程无关，速度是目标导向的。例如，当我上车时，把目的地的地址输入手机，手机就会告诉我，到达该城市的最快路线需要 28 分钟。但是，如果我不想走高速公路呢？如果我想沿着漂亮、安静的街道，穿过不那么拥挤的伯克利，那该怎么走呢？走另一条路线可能需要更长的时间，但也可能会给我带来不同的机会或者更多的乐趣。如果人们所盘算的都是目标，那么，在他们的脑海中，他们就好像已经抵达目标，过程中的时间就变得毫无意义。有了速度，所有其他的品质都会被忽略。快乐不重要，美丽不重要，味道不重要，制造浪费也不重要。人们认为满足感来自最终产品。因此，他们会尽量快地奔向终点线。然而，终点线是虚幻的——因为一旦他们抵达终点线，另一场比赛又要开始了，又有一条新的终点线要抵达。

但速度也带点魔力，它能刺激人，就像坐过山车一样刺激。有一天，我在网上订购了一本烹饪书，第二天它就被从法国送到了美国，瞧！隔天即到！感觉真像巫术——突然间，小包裹就从巴黎到美国了。你会想，怎么可以这么快？哇！你深深为之着迷。你对这个过程如此着迷，以至于最终你忽略了是何种因素让这本书如此迅速地送达你家的。你不会去想它是从哪儿来的，也不会去想它在那么短的时间内到达你家，对环境所造成的影响。正是通过这种方式，速度腐蚀了我们关于易得的想法。这种快速的模式已经深入你的内心，所以，当下一本食谱需要更长的时间才能送达时，你的第一反应就变成了：为什么要花这么长时间？你开始认为，你应该在一天之内收到从法国送来的包裹。

当车开得很快时突然减速，人会有一种眩晕的感觉。在生命中，速度本身就是一种娱乐，一旦没有了速度，你就会感到它的缺席。身处一个空荡荡的空间里，你觉得很有必要拿起手机，玩一局拼字游戏。只有这样，才稍感轻松。有些时候，我也觉得把手机带进浴缸很荒谬，但没有手机，在浴缸里我连二十分钟都坚持不下去。在手机上，人们看到的是在眼前飞快闪过的电子图像，他们的大脑已经习惯了这些图像。这时，人们的大脑分泌了如此之多的多巴胺，以至于当没有手机时，当没有那些快速闪烁的图像出现在眼前时，大脑会产生一种类似于戒断的生化反应。人们渴望输入，因为他们想让多巴胺受体受到持续快速的刺激。快餐公司知道这一点并加以利用，它们的广告被编辑成快速闪过的图像，只有这样人们的大脑才会兴奋起来。

正是通过这种方式，速度安慰了人们的孤独感。人们发了一条短信，希望立刻有人回应。如果没有立即收到回复，孤独感就涌上心头：他们一天都没回复我。他们不喜欢我吗？出了什么问题吗?这些问题和我有关吗?是不是我说了什么不恰当的话?这些使人们陷入自我怀疑。当人们不能快速移动,当人们没有得到即时回应,他们就会感到空虚。躺在沙发上做白日梦,这种虚度光阴的行为甚至会被认为是违法行为。

孩子也不知不觉地被痴迷于速度的成年人牵着鼻子走,但孩子需要时间。你不能给他们下命令,然后指望他们做出回应。他们需要你在场。这是他们给你的礼物。他们希望你能和他们在一起。这就是罗杰斯先生(美国著名儿童电视节目制作人及主持人。——译者注)如此受孩子们欢迎的原因之一:他证明了,放慢脚步、关注孩子是我们所能做的最重要的事情。当人们也这么做的时候,一切都会改变。有趣的是,人们非常抗拒放慢速度,只有速度快,他们才会感到非常满足。但是,人们的速度强迫症正在无意识地传递给我们的孩子。

当速度失控时,还会发生什么?现在医生们

尽量在每小时内看尽可能多的病人。从前，医生看病是和病人交谈，了解病人，现在，医生看病是指病人快进快出。（In-N-Out 是我最喜欢的一家快餐店的名字——它就是这么说的!）许多令人震惊的报道都指出，屠宰场工人必须迅速宰杀动物，从而引发了工伤风险。虽然快餐店不想透露它们的肉来自哪里，但人们都知道，它们的肉来自这些工业屠宰场。有一次，我和埃里克·施洛瑟同台，他谈到屠宰场的环卫工人，他们几乎都是贫穷的移民，他们必须在深更半夜打扫屠宰场。这是肉类加工业中工资最低、最危险、最恶心的工作之一。生产线是"链"，管理的指导原则是"永不断链"。即使工人受伤，生产也要继续。不能上厕所也给工人带来很大的压力。在新型冠状病毒大流行期间，这种堕落的速度观得到了生动的展示。一开始，许多工人生病了，但即使他们仍在隔离期，屠宰场仍然要求他们继续带病上班；于是，许多屠宰场成了新型冠状病毒的爆发中心。当更多的工人生病时，整个屠宰场就只能停工。当人们迫切需要食物的时候，工业牧场主并没有创造替代的方式来为人们提供食物，肉类加工厂因疫情关闭后，养猪的农场主们简单地对农场动物实施安乐死，然后把它们扔掉。

在非人性化的环境中，进行非人性化的工作，是美国的最大问题之一。我认为，这一问题源于速度所持续施加的压力，这种压力制造了一种没有成长、没有自我提升空间的环境，并迫使人们在这种环境中工作。一旦强制工人与工作技能分离，工作本身就变得毫无意义。剥夺工人的成长机会，保持低工资，不给他们提供晋升空间、不允许他们以自己的工作为傲，通过这些方式，工人们被"囚禁"起来，单调乏味地做工。

太多人都会觉得"工作是件苦差事"。我向你保证，如今工作不再是件苦差事了，除非你身处一个由工业快餐文化所创造的、所支持的或者与之价值观相一致的系统中。工作，尽管有时困难，但它会提供一种价值感和成就感，一种目的感和满足感，一种特别的乐趣。快餐文化，就其本质而言——就其存在本身而言——是一种剥夺了上述可能性的文化。它让所有人都相信，为了追求速度，工作应该是一件可耻的、无意义的、空洞的事情。工作就是快速搞定事情，是用来赚钱的。快餐文化榨干了大家的人性；不幸的是，当人们按照它的逻辑工作时，会进一步无意识地强化了它的逻辑，从而使自己深陷其中，不能自拔。

更糟糕的是，快餐文化先将"工作"和"快乐"分离，然后从中获利。当快餐文化让人们相信工作是件苦差事之后，就开始向人们提供快餐、电子游戏、电视、上网、酒精、毒品等各种所谓快乐，来填补他们的空虚——这种空虚来自他们对工作和生活的不满。

速度的最危险之处在于，人们走得太快了，快得甚至看不见眼前正在发生的事。速度是快餐文化的引擎，人们被它推得远远的，远离他们应该思考的所有其他问题。人们没有时间去思考食物来自哪里，没有时间去思考为什么食物这么便宜，没有时间去思考被广告商隐藏起来的议程，也没有时间去观察快餐文化的各种价值观如何从星星野火燃成燎原之火，威胁和腐蚀着他们的生活。但是，当人们强迫自己放慢脚步时，世界本

速度

身就会成为他们的关注焦点，他们的观念开始慢慢发生变化。他们开始明白，自己有能力改变快餐文化。

慢食文化

　　当逐渐认识到快餐文化对日常生活所产生的深远影响后，我们感到恐惧。但是，恐惧也是一种警示，它提醒我们要尽早行动起来。幸运的是，我们还有另一种选择，它是反对快餐文化的现成力量。我称之为**慢食文化**。

　　慢食文化并不是什么新鲜事儿。它是一种自人类诞生之日起就引导人类的文化，一种根植于自然的习俗和惯例。为了营销，"社区""慷慨""合作"等界定慢食价值的词语都被滥用，以至于人们不再把它们当回事儿。多年来，很多人一直在与这些和慢食文化有关的语言展开抗争。但是，这些价值确实具有某种普遍性的力量。要不然它们为什么可以引领人类几千年的文化？它们为什么依然在和我们对话？人类是自然循环和自然节奏的一部分，慢食价值天然地存在于每个人的身心深处。慢食价值根植于日常生活，平易近人，也许这是最好的消息。当烹饪、进食及供应合乎伦理道德的食物时，人们不仅是在滋养自己，也是在感悟慢食文化的价值，并通过这些价值引领他们去创造绿色生活。

美

　　在生活中，人们通过绘画、诗歌、音乐、建筑和舞蹈等各种各样的方式来表达美。虽然具体的美有主观性——甲之熊掌，乙之砒霜，但是，由于美来自大自然，美也有普世的一面。当看日落时，每个人都会为之欣喜，当置身于山脚或瀑布下时，每个人都会为之惊叹。面对这种普世之美时，人们会发现自己置身于更宏大、与生命奥秘有关的事物之中。美存在于人类的生物构造中。它自然而然地加深人的意识，激发出人的敬畏和喜悦。发现蕴含在食物中的美，可以改变我们的人生。

人们很容易忽视美。但是，对我来说，美是

一种最重要的慢食价值——它包含了所有其他的价值。令我难过的是，美的力量并没有得到世人的承认。但是，关于美，人们还能谈些什么呢？还有什么是没有谈过的呢？"美就是真，真就是美。""美或不美，全在观者。""美的事物是永恒的欢愉。"之所以总是听到这些箴言，恰恰是因为，不管承认与否，对人类存在而言，美非常重要。美蕴含着一种力量。美是一种基本的生命力量，一种每个人都能发现的力量。人们渴望美，极度渴望美。

儿时的我就对大自然的美略知一二。我喜欢日落，喜欢秋日的层林尽染，喜欢小溪里光滑的石头，喜欢春天里紫丁香的芬芳。但是，我一度以为，在日常生活中，美并不重要。也许是因为我认为美是理所当然的，毕竟孩子们经常这么想。去法国留学后，我对美的认识发生了改变。就像许多在法国读书的留学生一样，我参观圣礼拜堂，读魏尔伦的诗歌，在加尼埃歌剧院听大卫·奥伊斯特拉赫演奏贝多芬的小提琴协奏曲，这些事物唤醒了我的文化意识和审美意识。回想起来，在法国的整个时光宛若品尝盘中的森林野草莓。对我而言，这种经历前所未有。大多数人想到美的时候，想到的是他们所看到的、所听到的。但我觉得，嗅觉、触觉和味觉与人的关系更亲密。那些充满淡淡香味，生机勃勃的森林野草莓，被我汲取，真的成了我本人的一部分。它们将我引入一个全新的世界——味觉的世界。在世界各地，我开始重新发现各种各样的味道，扩展有关美的体验。

1966 年，我回到伯克利，美国不断发展的快餐文化带给我的是截然不同的体验。这是真正的文化冲击。巴黎有着丰富的饮食、建筑和艺术传统，我在这里的慢食文化中生活了一年。然后，我回到美国。美国人购买食物和进食方式一点也不美，在这儿，没有几家可以提供像样食物的咖啡馆和餐厅，进餐氛围也不行；在这儿，没有刚刚采摘的成熟果蔬在街市出售；人们对种植食物的人完全没感觉。是的，在本地的伯克利合作社，可以买到有机食品，但是，它们从来就没以迷人的方式呈现给顾客。我支持有机农场，它具有实质意义，但从形式上看，在20世纪60年代美国的健康食品商店里，农产品的陈列杂乱无章，完全没有精心设计的美感。直到现在，我依然认为，享用美味食物并不是富人的特权。在法国，大多数人都能吃上当季的成熟果蔬，那时的法国人按照季节种植果蔬，几乎所有人都可以买到这些时令果蔬。食物之美融入了日常生活。法国唤醒了我关于美的意识，现在看来，它将伴随我一生。我开始做饭就是因为我想与那个世界及其价值观保持联系。

我的朋友马蒂娜·莱博，她是一位旅居伯克利的法国艺术家、画家，她也拓宽了我的审美。她喜欢挑选简单元素，比如废旧的古董，来布置自己的家。她的审美从来都与金钱无关——当然马蒂娜也没什么钱。她用的每样东西都是从跳蚤市场里淘来的。如果在跳蚤市场淘不到自己想要的东西，她就会想办法自己制作。她会研究自己挑选的一切物品：你坐在什么样的椅子上？你用的是哪种玻璃？哪种花此刻正在盛开，你可以采摘进屋？也许最重要的是，你做饭用的是什么材料？对她来说，食物和美学是一回事：她也是一位了不起的厨师，她做的所有食物都是那么精致和富有创意。她深谙厨房里的节约妙招。是马蒂娜第一次让我见识到，用一只鸡可以做十人份的饭；她用一个漂亮的旧瓷盘，配上自家花园的美味香草和蔬菜，让这一小份食物看起来分量十足。

创办潘尼斯之家时，我们的资金并不充裕，于是我们谨记马蒂娜关于美和节俭的教诲。每个季节，餐厅菜单上的食物定价都是固定的，因为我们想确切地知道餐厅到底需要多少食物，这样一来，就不会浪费。当时餐厅也没钱装修，所以，我们继续向马蒂娜学习：用从跳蚤市场淘来的不成套的银器，从废旧品商店淘来的二手高背椅，以及铺在楼梯上的老式古董地毯来布置餐厅，这些装饰让客人感觉自己仿佛在某个人家里一样。我们放弃了"所有东西都必须是新的"的想法，放弃了"所有东西都要统一"的想法，不用花很多钱就可以找到美丽的物品。把餐厅布置得漂亮，也符合我所接受的蒙台梭利训练，为了让孩子们一进教室就被吸引，蒙台梭利的训练要求，教师在布置教室时，应该仔细考虑课桌的摆放方式和光线进入房间的方式。就像在我所钟爱的那些法国餐厅一样，我希望人们在潘尼斯之家也能感受到热情和温暖。我们把餐厅布置得很美，事实上，客人们已经留意到了我们的努力，就像他们也注意到了我们餐厅的食物很美味一样。

美与简单有关，简单是另一种慢食价值，当时我们的许多决定都与盘子里食物的分量有关；我们都是"亲法"人士，知道菜可以一道一道地上，并且每道菜都是小份的。盘子里的食物越少，人们就越能看到食物，越能欣赏食物。法国美食和伊丽莎白·大卫的菜谱封面照决定了我的饮食审美：红酒、玻璃水瓶、一份有盖汤碗盛的汤、新鲜出炉的面包，一盘羊奶酪无花果沙拉。我希望潘尼斯之家的餐桌也能像照片里的餐桌一样，布置得既简单又动人。我并不是在寻找完美的食物，而是在寻找真正的食物。真正的食物与食物的种植、生长相关，密不可分。食物离不开自然。对我来说，如果食物来自工业农场，就和美无关，无论它如何闪闪发亮、如何被精心设计。

美不仅仅是浮于表面的华丽。美允许个人自我表达，它是一种指引性力量。在潘尼斯之家的厨房里，有各种各样的厨师、客座厨师，每个人都带来了自己的美学。无论他们的食物是来自意大利，还是来自帕西、墨西哥、日本和巴西，他们都立基于照料、营养和社区的基本价值。除了给厨房带来它所急需的多样性，这些厨师还各自以独特的方式，创造性地诠释了这些价值观。那么，如何确保我们餐厅所提供的食物令人难以抗拒并且名副其实呢？做到这样就行了：餐厅里一切都很适宜，食物刚刚好，吃饭的人很愉快，金色的夕阳从门廊里射进来——这一景象美得不可名状。无论是客人还是员工，每个人都会看到这种显而易见的和谐之美。它宛若芭蕾。

在"可食校园项目"中，我们经常说，"美是关怀的语言"。这么说是什么意思呢？当时我们通过"可食校园项目"在学校建立了厨房教室，这是一栋位于新花园旁边的、很不起眼的、破旧的可移动建筑，从一开始，我们就将教室布置得井井有条：把所有的研钵和杵放在同一个地方，所有不同颜色的滤网放在一起，所有的杯子放在一起，一眼望去，教室里的东西一目了然。我们将教室布置得井然有序、简单易行，是因为我们希望孩子们能够很容易地找到东西，并把它们放回原位。我们把墙壁漆成柔和温暖的黄色，擦净窗户。我们请当地一位工匠制作了结实的桌子，使用抛光的灰绿色混凝土做桌面。我们在教室墙上挂上了复古的植物海报。从一开始就指导"可食校园项目"的艺术家、老师埃丝特·库克有了一个灵感，他为当天从花园里采摘的水果、蔬菜和鲜花建了一个祭坛。一走进厨房，一种丰富宽宏的气质扑面而来，人们的第一印象是，这是一间美丽的厨房。孩子们在教室里待得很舒服，放学后，他们喜欢留在这儿写作业。"美是关怀的语言"，这意味着，当我们把一碗柑橘或一束野花放在祭坛上时，我们正试图以非语言方式告诉学生，有人在想着他们，有人在关心他们，他们很重要，他们在一个安全的、养育的环境中被温柔以待。还有什么比这些更重要的呢？其实美并不需要精心设计——我从不认为美是花里胡哨的。美可以是刚从灌木上摘下来的一把覆盆子，也可以是放在午餐饭盒里的几株盛开的迷迭香，还可以是餐桌上几支点燃的蜡烛。

对我而言，美学是如此重要，以至于有时候我无法宽容大度。我总是对悄悄渗入的、具有破坏性的快餐文化心存警惕，而美是试金石，它往往可以确定，哪些食物是真正的、不受快餐文化影响的食物。当人们试图驾驭和平衡他们日常生活中的各种问题时，在优先事项清单上，美的排序位置越来越低。在需求层次中，人们往往认为美最不重要。快餐文化忽视和盗用了美，然后让方便、统一和速度等快餐的价值，侵占了他们的生活。对美的重要性，人们已经无感，以至于他们忘记了美对他们的幸福和生存是多么重要。

众所周知，美如何影响人的幸福，但人们还没有研究美如何帮人生存。"最终的考验是，人们是否能生活在看重美的价值的地方，"温德尔·贝里写道："无论在哪里，只要丑陋悄然而至，我们就会出现被剥削和筋疲力尽的早期症状。"我理解他的观点：美不仅是唤醒我们的审美和感官的一种方式；美也是决定食物网络是否正常运作的一种方式，美决定了食物网络是否有生命力，是否健康，是否丰饶。在自然界中，美是管理工作——如照料和保护土地——做得好的外在表现之一。是的，美是关怀的语言，但不止如此。美也是关怀的结果。

人们会对美好的事物心存敬畏。美让人惊异，它打破了人们与自然之间的虚幻屏障。美具有一种不可忽视的、超然的普遍性，人类无法控制和参透它。迈克尔·波伦在他的《如何改变你的想法》（*How to Change Your Mind*）一书中谈到，敬畏是一种人类的基本情感，它可能是从人类自身进化而来的，以鼓励利他行为，敬畏让我们感到，自我是比自我更大的事物的一部分："这个更大的事物可能是社会集体、作为整体的自然或者精神世界，但美可以压倒人们的自我和狭隘私利……敬畏感似乎是自利的绝佳解药。"这就是美为什么如此重要的原因：它创造了一种不由自主的欣喜，让人们谦卑，让人们放下戒备，让人们开放合作、具有同理心。

要把美放在第一位。我相信，在每天使用和滋养自己的事物中创造美是重要的，也是可能的。美至关重要。在日常生活中，食物是我们接触美的最简单方式。任何一顿饭都有可能让人们敞开心扉，感受到欢乐、纽带和欢愉。我知道这是可能的，在过去的 50 年里，我看着这一切在潘尼斯之家餐厅里发生，在过去的 25 年里，我看着这一切在全世界成千上万的学校里发生。聚在一起做饭、吃饭可以让我们的感官沉浸在美的日常体验中。

生物多样性

生物多样性鼓励人们接纳系统中各种各样的元素，它说明，在很多时候，正是由于这些不同品质元素的混合，系统才会更丰富、更强大、更聪明、更有韧性。与统一性相反，生物多样性展示了每个物种独一无二的、个性化的特征，以及这些特征如何共同形成一个强有力的网络。生物多样性帮助我们认识到，在系统中，每个物种都有自己的位置和角色。生物多样性意味着，不同物种彼此欣赏，这种欣赏自然而然地促进了不同物种之间的包容、合作和融合。

像很多人一样，我也看过 BBC 的史诗级纪录片《地球脉动》(*Planet Earth*)。这部纪录片令我叹为观止。地球这颗行星充满了惊人的生物多样性：在亚马孙热带雨林中，有种类繁多的蝴蝶，有各种各样的针叶树，有成千上万种蜜蜂。生物多样性是浩瀚复杂的生命的组成部分。

对我来说，正是因为生物多样性，我才对食物如此着迷。生物多样性意味着无穷无尽的变化。最近在田纳西州，我第一次见识到了两种彩壳豆子，我迫不及待地想把它们带回加州，想看看它们在这里如何生长。正当我以为我已经认识了所有不同种类的豆子时，又出现了两种豆子！这些发现打开了我的心扉，立刻让我感到好奇，令我迫不及待地想要品尝它们。几乎任何水果或蔬菜，都让我们有类似的小发现：我们已经习惯了无处不在的橙色胡萝卜，但胡萝卜可能拥有从浅白色到石榴红再到柠檬黄的所有颜色。当你看到一个胡萝卜不是橙色的时候，你被唤醒了。在餐盘里，生物多样性把食物带入了艺术领域；用白色胡萝卜和紫色胡萝卜做一份沙拉，它口感爆炸，令人顷刻沉醉。在那一刻，你与艺术无限接近。

在潘尼斯之家的历史上，我一度忘记了生物

生物多样性

多样性的重要性。有一阵子，我过于专注饲养动物的有机饲料，忘记了品种的重要性。我一直在寻找有机的放养鸡，关心如何饲养它们，如何照顾它们，如何喂养它们。电影《肉食者》（*Eating Animals*）让我了解到农场主弗兰克·里斯和他的传统养殖火鸡法。我的一位朋友帕特里克·马丁斯，他经营着一家食品公司，他说："你尝尝弗兰克养的火鸡吧。"接着，他给我寄来弗兰克农场的火鸡，是冰冻的，当时我非常怀疑冷冻火鸡到底能有多好吃。但我们还是用一只冰冻火鸡做了菜，不吃不知道，一吃吓一跳，弗兰克农场的火鸡的味道太与众不同了。为了适应工业化农业对便利的需求，动物一律应该个头大、肥壮、好养，因此，人们对肉类食物的味道要求已经很低了。虽然我们绝对需要关注如何使用人道主义的方式来饲养动物，但我们也需要懂得欣赏和保护传统品种。在我们的"可食校园项目"中，有六七种不同品种的鸡在花园里游荡，它们下着颜色各异的漂亮鸡蛋，有蓝色的、浅棕色的、带斑点的。孩子们看到这些鸡蛋，立刻被迷住了，他们从来没有见过这些颜色的鸡蛋。对孩子而言，颜色各异的鸡蛋更有吸引力，当然，它们的味道也比常见的鸡蛋好得多。

"风土"（Terroir，法语）是一个术语，传统上它是指，特定的土地和气候赋予葡萄独特的个性，从而影响酿出的葡萄酒的口感。风土是指某个植物品种和它所生长的特定土壤之间的关系。每个地方的食物都有其独一无二的品质：与生长在西西里岛的火山土壤中的黑比诺葡萄相比，生长在俄勒冈州中部的黑比诺葡萄的味道明显不同。人们经常问我："你最喜欢什么番茄?"我的回答是，旱地栽培的"旱女孩"，这种番茄长在炎炎八月的加州教皇谷东侧的绿红葡萄园里。我知道，这样讲听上去太具体了。但这是真的：在特定的地方，特定的时间，特定品种的番茄有其独有的风味。"脏脏女孩农场"旱地栽培种植的"旱女孩"也很特别，味道略有不同，它生长在靠近海岸的半月湾。我发现，在选择一种最受欢迎的食物时，不可能不考虑它生长在哪里，它如何被养育，以及在什么时候被采摘。这就是为什么当我尝试在北加州种植意大利圣马尔扎诺番茄时，时常感到失望。这可能是因为，只有意大利农民才确切地知道圣马尔扎诺番茄在哪里生长得最好；毕竟，他们用三百多年的时间来摸索和检验圣马尔扎诺番茄的种植之道。尊重食物传统是保护生物多样性和土壤的重要组成部分。也许有人已经在加州找到了适宜种植圣马尔扎诺番茄的地方，但我还没找到。

卡洛·佩特里尼称农民是"土地上的知识分子"。像我这样的业余爱好者，需要花很长很长的时间，去琢磨如何在自己的小花园里种出完美的食物品种：哪个品种结出的果实最丰硕、最美味？哪个品种会在这种特殊的小气候中盎然生长？兢兢业业的农民和农场主年复一年，一代又一代地做着这种微妙的校准工作。这就是为什么支持这些农民和农场主是如此重要。对于风土，他们拥有一个不可思议的经验知识库，每当一种植物或动物被其工业化养殖的替代品取代时，我们就会失去相关物种的知识。这种知识也不仅仅是关于人们所种植的农作物的知识，它远远超出了这一范围。例如，英国的传统树篱，看起来是田地之间的简单屏障，实际上，它是生物多样性的庇护所，在这里，鸟类、益虫可以和邻近的农作物、附近放牧的动物保持密切关系。这些树篱不仅鼓励生物多样性，而且还是有效的防风屏障和边界。但是，为什么人们要在学校等机构的周围建造围墙，而不种植绿篱呢？

纽约知名厨师丹·巴伯（Dan Barber）正试图创造一个种子公司，来弥补传统风味品种的流失。这家名为七行（Row7）的种子公司，与一位遗传学家合作，培养和开发了品种繁多的蔬菜，它们既美味又营养。七行公司的产品定位与过去 60 年来的工业化农业完全不同，后者关注的重点是：种植果蔬要便于运输和延长保质期，味道不重要。在七行公司，当他们种植的南瓜真正成熟时，颜色会改变，所以，收获者就能准确地知道应该在什么时候采摘南瓜了。他们对南瓜进行了一种良性的基因改造，一直以来，人们都在小心翼翼、负责任地对植物品种实施孟德尔杂交。但是，在过去培育和开发一个新品种需要 70 年的时间，而现在只需要不到 10 年的时间，这多亏了数字传感器和计算机技术，可以准确地识别农作物准备授粉的精确时刻。这也给我上了一课，计算机技术可以用人道和有机的方法来种植食物。

　　每年 9 月，在伯克利，我都会忍不住尝尝产自我家附近的无花果，此时正是吃无花果的好时候，几周后它就过季了。绝大部分无花果都不能自然熟透，但在散步途中，我发现了一棵品种不详的无花果树，树上结着又小又黑的无花果——这是来自老天爷的礼物。自儿时起，我就觉得，由于局部气候的原因，伯克利长不出非常美味的无花果。但是，即使在城市附近，我们都没有留意到这儿竟有如此之多的生物多样性。生物多样性不仅仅意味着在原始的、人迹罕至的荒野中隐藏着不知名的生物品种。生物多样性还意味着，不知名的物种也会出现在城市、郊区和路边，它

们在我们眼皮底下蓬勃发展。在一片杂草丛生的闲置空地上，人们都可以发现生物多样性。

挖掘隐藏在城市或郊区的生物多样性，是一种愉快的体验，它直接在人们与周围的环境之间建立联系。从一开始，寻找食物就是潘尼斯之家餐厅的一部分，这一行动改变了这家餐厅的性质。自20世纪70年代初以来，我们一直在海湾收集野生茴香，用它来包裹整条鱼，用收获的种子制成香料包，或者把茎干扔进锅里给鱼调味。我们也寻找其他的食物，如黑莓、荨麻和马齿苋。只有身临其境，去现场寻找食物，你才知道那里有什么样的食物。更早的一些时候，我们会在海岸的岩石上采贻贝。我们也一直在采蘑菇——事实上，这是人们找到特定种类的蘑菇的唯一方法。美味的可食用野生蘑菇生长在世界各地，我们在真菌学家的帮助下，非常小心地识别蘑菇。

法式沙拉（mesclun）是生物多样性的一种迷人表现。"mesclun"一词的字面意思是"混合"：

在这种沙拉里，至少有 7 种来自法国南部的野生幼嫩蔬菜，如芝麻菜、蒲公英、山萝卜、菊苣和各种嫩生菜。这些叶子吃起来有口劲，略带点苦味儿。20 世纪 70 年代，我第一次在法国尼斯吃这种法式沙拉，当时只有在这儿才能吃到这种沙拉。在美国，我们吃的都是配威士邦沙拉酱的楔形卷心莴苣沙拉，也许在恺撒沙拉里也会加点叶子菜。法式沙拉的味道复杂丰富，那种融合在凤尾鱼蒜香醋里的滋味让我惊喜连连。我实在太喜欢这种沙拉的味道了，于是，我干脆从法国带回蔬菜种子，在我的整个后院都种上生菜，在潘尼斯之家早期营业阶段，这些蔬菜都用来供客人食用。

如今，法式沙拉的魅力在于，它见证了过去 50 年来人们对沙拉态度的变化，如今沙拉越来越受大众欢迎，人们对它的需求越来越多。美国公众发现这些品种，并且学会欣赏它们的味道和口感，看到这一幕可真令人欣慰。但是，当人们开始在自家后院种植这些传家宝生菜的时候，种植大莴苣的农民也发现了这些叶子菜很受欢迎，他们肤浅地分析这种沙拉的成分，制造出了袋装法式沙拉。但是，这种商业化的法式沙拉和法国70年代的法式沙拉没什么关系。超市里出售的袋装法式沙拉的叶子菜不是野生的，也没苦味儿；它并不像真正的法式沙拉那样，将各种独特蔬菜品种组合在一起，出人意料地创造出了一种与众不同的味道。我确实对这次挪用行为投入了个人情感。我觉得自己没有多少功劳，但我也确实相信"法式沙拉"这个词进入美国人词汇表的部分原因是，潘尼斯之家出品了这道混合生菜，直到现在我们餐厅还有这道菜。在某种程度上，我对法式沙拉在美国的命运负有部分责任。

保存各种独特的作物品种不仅仅是一种业余爱好，也不仅仅是为了欣赏各种美好的品种或为了品尝新的味道。作物多样性是食品安全的核心。气候变化已经给植物带来了新的巨大压力，农业如何适应不断变化的气候至关重要。我们拥有的植物种类越多，可供利用的基因库就越大，找到在更极端的温度下生存的抗旱植物的可能性也就越大。为实现真正粮食安全而斗争，是我们这个时代最大的挑战之一，为此，我们迫切需要了解

生物多样性

生物多样性。

　　当然，整个生长和收获的周期是从一颗种子开始的。保存和分享种子将我们彼此联系在一起，自古以来人们都是这么做的。因为种子库是微小的天然遗传物图书馆，我们的生活依赖于世界各地的种子库所精心保存下来的种子。这些种子库保存了数千年的农业知识，我们必须保护它们。种子保存可能是目前农业最重要的任务之一。我的朋友，记者马克·沙皮罗，他是《抵抗的种子》（*Seeds of Resistance*）一书的作者，他告诉我，伊拉克曾有一间非常重要的中东种子库。2003年，在美伊战争期间，这个位于阿布格莱布的种子库附近发生了爆炸，种子库也面临着被炮弹击中的危险。伊拉克的科学家明白这些种子很重要，于是，在种子库被炸毁之前，他们想办法取出了储藏在里面的种子。接着，他们把种子运到了位于叙利亚的阿勒颇的另一间种子库，这里储存了数十万颗种子。随后，叙利亚战争升级，2012年，为了保存这些种子，科学家们又费力将它们转移到一间位于黎巴嫩的种子库，如今这些种子就保存在黎巴嫩。最近，美国堪萨斯州发生了一场旱灾，令人担忧的是，这种旱灾越来越频繁，堪萨斯大学拼命寻找中东地区的抗旱种子。那么，堪萨斯大学最终是从哪里找到了抗旱种子呢？没错，从黎巴嫩的种子库。一直以来，人类的种子都是共享的——至少在孟山都公司为它们申请专利之前是这样的！实际上，种子是生命之源。

每隔几年，在国际慢食组织举办的特拉马德雷会议上，都会出现类似的情景：来自 150 个国家的 5000 人聚集在一起，分享他们的种子、他们的耕作方法及他们独特的果蔬品种。在快餐业不断扩张的进程中，这些与会者都致力于保存传统和口味。这也是人类生物多样性的一种表现：厨师、农民、工匠和活动家走到一起，相互交流，分享他们的种植方法、烹饪方法。世界上的每一种文化都有为了健康、美味、美好和吃得起而种植、烹饪食物的历史。当我们的餐盘里充满文化多样性时，所有这些有益的元素都会被强化——

生物多样性 121

这就是为什么我们必须了解不同食物传统的构成文化。现在，我正在寻找世界各地文化的基础食物，试图确定我们国家——尤其是学校午餐，可以从中学习些什么。在其他文化中，有很多方法可以让我们学会如何以负担得起的价格来获得所必需的营养。我们需要利用人类集体的传统智慧，找出所有可能的方法来解决这些问题。

印度学者、环境活动家范达娜·席娃说："统一不是自然的方式；多样性才是自然的方式。"我知道她说的是农业，但同样的，生物多样性也延伸到了人类。理解生物多样性的价值可以帮助人们看到，在世界上，每个人都有自己的角色和身份。生物多样性揭示了人们如何相互依赖，从而创造出比各个部分简单相加更伟大的事物。

时令

时令意味着按照季节变化的节奏来安排饮食和生活。我们都知道时令节气，也明白它们对日常生活的影响。但是，对菜篮子来说，时令意味着什么，人们知之甚少。按季节进食，体验生命的萌发、生长、收获、死亡、腐朽、休眠和再生，就这样，我们与本地的生命周期建立了联系。时令教我们耐心和洞察力，帮助我们确定自身在时间和空间中的位置，以及如何与自然和谐相处。

在潘尼斯之家刚开业时，我就知道食材的味道和新鲜度很重要，但我并不认为时令有多重要。餐厅夏天出品凉汤，冬天供应暖汤，但当时我们更关注的是，如何根据传统食谱想出一份好菜单。

我们每天的菜单都不同，但严格来说并不是因为餐厅的菜篮子里装的都是时令食物。我们这么做更像是在进行一种智识训练：在 20 世纪 70 年代初，餐厅只有一份固定价格的菜单，为了留住客人，我们必须确保每晚的菜单既有趣又不同。这是一个巨大的挑战。在当时，最受季节影响的是甜品制作，尽管一开始我们对这一点的认识完全是无意识的。它隐含在"哦，天哪，这次送来的水果不够好——我们最好改做一个杏仁挞"这类对话的背后。真相是，时令是一种无形的外在力量，我们每天都在与之斗争，但我们并没有全心全意地去理解时令意味着什么。在某种程度上，我们已经开始拥抱、接纳季节，不再觉得季节是种束缚。我们专注于那些只在特定时刻才会变得成熟和完美的蔬菜水果，这些食物呈现出人们意料之外的味道，带给人们惊喜。时令为我们的日常菜单注入了活力，现在我们的菜单完全由时令来决定。我再想不出还有什么别的办法来设计菜单了。

潘尼斯之家之所以转向时令烹饪，是因为餐

厅与农夫鲍勃·坎纳德建立了业务关系，他的农场为餐厅的菜篮子注入了活力。20 世纪 70 年代末，我的父母负责在本地找一家可持续发展的农场与餐厅合作。我们想要找一家农场，供应餐厅每周所需的大部分农产品。我的父母至少参观了 25 个本地农场，最后选择了鲍勃·坎纳德的农场。当父亲第一次去鲍勃的农场时，他望向田野，甚至看不到一排排的庄稼。鲍勃到底种了什么？父亲一直以自己修剪得一尘不染的草坪和精心除草的花园为荣，在他眼里，这里就像杂草丛生的荒野。随后，鲍勃带着父亲去荒野散步，他把杂草推倒，挖出了一个漂亮的胡萝卜，这个胡萝卜和父亲看到的其他胡萝卜完全不一样。它的味道无与伦比，颠覆了父亲对商业和农业的全部看法。

和鲍勃合作之初，我们很失望，因为他的农场无法做到全年为餐厅供应各种季节的食物。但很快餐厅就适应了，因为我们能从他那儿得到非凡的食材。一部分原因是，他的农场位于半海岸的索诺马小气候；还有部分原因是，在一年的不同季节里，哪些蔬菜和水果长得好，鲍勃了如指掌。鲍勃给餐厅送来蔬菜，我们甚至都不知道这种蔬菜是当季的。在冬天，如果餐厅的菜篮子里出现鲍勃种的胡萝卜或菊苣等既美丽又美味的当季食材，这本身就是一种吃的教育。鲍勃的食材让我们意识到，无论在哪个季节，人们都能找到崭新的、不同的味道。

成熟是时令的关键。成熟是一种微妙的感觉，你要有一定的辨别能力，比如掂掂牛油果的重量，看看布兰尼姆杏肩部的颜色，闻闻百香果的香味，才能知道它们是不是成熟了。你得细细地观察，估摸味道，看到本质。我发现，餐厅的工作经历会深刻影响人的这种辨别能力，这些年来我的辨别力越来越好。认识各种复杂味道的过程，既令人兴奋，又富有教育意义。辨别力和判断力不是一回事；辨别不是判断哪种味道好，哪种味道不好。要辨别食物是否成熟，必须通过试错来学习——你必须不断地尝试再尝试。

只有自己种植食物，人们才能真正学会辨别

什么是成熟。在自家院子里种植水果和蔬菜的人，或者是在消防梯上种植西红柿或香草的人，都是通过实践来学习这种能力的，经过了几个季节的轮回，他们就掌握了辨别食物是否成熟的能力。例如，通过"可食校园项目"，现在孩子们就知道树莓和桑葚何时成熟，实践教会了他们这些。在此之前，孩子们甚至根本不知道桑树是何物！但是，当八月中旬返校，他们去学校菜园上新学期的第一堂科学课时，他们可以直接吃到桑葚。每次桑葚成熟时，他们都会前来品尝。

也许人们认为，只吃当季的食物没有可行性，或者这么做意味着否定人们过去已经形成的饮食习惯，毕竟大家已经习惯了全年食用各种季节的食物。一年四季都能吃到丰饶无尽的夏季食物，已经是人们的饮食习惯了，尽管这么做根本不符合自然规律。但实际上，正如我一直所讲的，如果一个人一年到头都在吃那些二流的水果和蔬菜——它们要么是从世界的另一边空运来的，要么是在工业温室里种植的，他真的不会懂当季果蔬的成熟和美味。到了可以吃上真正成熟的当季果蔬的时节，他已经吃腻了。他吃得太随意了。放弃稳定可得的食物并不一定是限制。恰恰相反，这么做意味着放弃了平庸，意味着解放与自由。

另一种反对按季节饮食的论点是，如果只吃本地种植的食物，我们不可能养活这个星球上的每个人。我不相信这种观点。我相信，利用本地的小型农场网络具有可持续性，它才是养活每个人的唯一途径。然而，人们总是提醒我，"在伯克利你追求按季节饮食没问题，但我住在缅因州。这里有漫长的冬季。冬天来了，我吃什么呢？"我承认这确实是个问题。在加州，一些品种的水果和蔬菜确实可以整个冬天在户外生长，这是事实。鲍勃·卡纳德所经营的那间了不起的农场就是证明。生活在加州的我们是幸运的。但是，在看似不适宜按季节饮食的气候条件下，仍然可以按季节饮食。由于人们已经不再根据季节饮食，他们忘记了冬季保存和烹饪食物的传统方法。像腌鳕鱼，腌火腿，腌卷心菜、胡萝卜或萝卜，罐装西红柿或桃子，或者用各种传统的干豆、扁豆、意大利面、大米、香料、坚果和干浆果来做饭，所有这些传统方法都能够帮我们留住季节，这些方法的能量惊人。直到六十年前，大部分美国家庭都还在使用这些保存和烹饪食物的方法。在成长的过程中，我记得母亲所做过的、为数不多的厨房家务活儿就是，在冬天来临之前，在新泽西家的地窖里储备笋瓜、大黄罐头、苹果酱等食物，这些食物都产自我家的胜利花园。当人们知道如何保存和烹饪食物，他们就有无数种的方法来使用这些食材。冰冻技术也可以留住时间，比如说，只要储存了当季水果，就可以在当年的晚些时候用它们做冰沙和冰淇淋。保存粮食也有助于人类减少粮食安全危机。虽然我完全认同季节性和地域性的重要性，但我确实认识到了卡洛·佩里尼的"良性全球化"理念的好处：向其他国家的农民购买咖啡、茶、香料、巧克力及其他不易腐烂的商品，因为这些农民用最好的耕作、劳动方式来生产农产品。

　　几个世纪以来，无论是在中国西藏山区，还

是摩洛哥沙漠，人们都是根据季节进食，这些文化常常给我启发。只有活在当下的季节里，人才能充满活力。只要准备好，即使在新鲜食材较少的月份，也会有足够的当地食物。我们要做的就是，准备好凉爽的地窖储存红薯、苹果和坚果。我们要有先见之明，在收获的顶峰时节采摘果蔬食物，并储存起来。

按季节进食还能激发人的创造力。我发现，当我吃当季食物时，我会更加留意食材。我也会更节俭，比如说，我可能会把橘子皮做成果脯而不是扔掉，我可能会用蔬菜的绿色顶部和洋葱皮做蔬菜清汤。我不会白白浪费这些食材，因为我知道，这是一年中拥有美好的春天豌豆或九月无花果的唯一时刻。我很珍惜这种时刻。

好消息是，现在有可以自然延长生长期的技术。这种技术不同于在从地球的另一端运来食物或建造依赖农药的工业温室。这是一种创造性的工作方法。例如，我们了解到，缅因州农民艾略特·科尔曼的温室整个冬天都可以种植有机食物。在密尔沃基，威尔·艾伦在市中心大规模种植食物，他的温室由当地酿酒厂的堆肥副产品供暖。在寒冷的气候中，我们绝对需要温室，在温暖的环境中种植胡萝卜、沙拉和香草。位于爱尔兰的巴利玛洛烹饪学校（Ballymaloe Cookery School），是我见过的最特别的有机温室；在这里，植物的种类多得惊人。这是一个有机实验室。学校周围聚集了一批当地农场主，他们利用温室将种植时间延长至整个冬天。当然，这么做仍然有一定的局限性——毕竟1月份的温室仍然无法收获成熟的樱桃，但借助熟练的有机再生种植，扩大了人们的选择范围。世界各地都有类似的实践。

2008年，我们受邀在瑞士达沃斯为1月份举行的世界经济论坛举办一场晚宴。对我来说，让这些全球商业领袖关注当地食品和农业的可能性是很重要的，我想给他们呈现这种观念。我知道每年的这个时候，当地一定会出产真正本地的、有机的食材；只是我不知道这些食材是什么。我很想知道生活在阿尔卑斯山的人在冬天到底吃些什么。我得到了朋友大卫·林赛的帮助，他也曾在潘尼斯之家工作，当时他在苏黎世做厨师。很

时令　131

快，在当地的小型家庭温室，我们找到了有机香草和生菜。我们从附近乡村采购到了本地奶酪。我们又从另一个温室找到了羽衣甘蓝，用它在壁炉里烤羽衣甘蓝面包。我们发现了达沃斯的山羊，于是，我们做了美味的炖羊肉。最让人兴奋的是：我们发现了一种本地苹果，自从秋天收获以来，它一直被小心地保存着。这种苹果叫钟苹果（Glockenapfel，一种老苹果品种的名称，产自冬季，可以直接冷藏储存，因形状似钟，故叫钟苹果。——译者注），它有着悠久的种植历史，自16世纪以来，瑞士就开始种植这种苹果了。伦敦糕点师克莱尔·塔克加入了我们的团队，她用钟苹果做苹果挞，说实话，我们从来没有吃过的这么美味的苹果挞。克莱尔·塔克用这种苹果做出的苹果挞妙不可言，但她以前根本不知道这种品种的苹果。如果人们总想着那些从远方运来的可预测的、熟悉的食物，就不会与这些美妙的味道不期而遇。

2020年1月，我与厨师琼·内森和何塞·安德烈斯合作，为在华盛顿特区举办的"慢慢吃晚餐"（Sips & Suppers）活动提供食物，该活动旨在为无家可归者筹款购买食物。自从十多年前开始举办这项活动以来，人们对它的第一反应就是，冬天的华盛顿特区买不到本地种植的蔬菜。但是，令我惊讶的是，冬天的农贸市场依旧有各种食物，如漂亮的花椰菜，颜色各异的胡萝卜、南瓜、菊科植物，还有为冬天而储藏的梨子和苹果，当然，这些食物大部分都来自有机温室。参加"慢慢吃晚餐"活动的厨师们来自全美各地，他们会带来自己所需的食材和用品，但现在他们发现，只要到了杜邦环岛农贸市场，一定可以找到冬季蔬菜、腌肉等更多的食材。

隆冬是反思的季节，在这个季节，人们常常与大自然失去了联系。在加州，冬季是吉姆·丘吉尔种植的奥哈伊纪州柑橘最美味的时候。每年这个季节，我都会买很多吉姆的纪州柑橘，送给朋友。我称之为"纪州柑橘外交"。隆冬时节，这种柑橘的味道尤为特别，在品尝到甘美而成熟的柑橘的那一刻，人们可以感受到来自食物的力量。送朋友们这些柑橘，是为了提醒他们，我建立了自己的饮食日程。

耐心显然也是时令的一部分。我不是很有耐心的人。但为了吃上纪州柑橘，我依然等了整整一年，它没有匆匆忙忙的味道。尽管很难分辨肉类产自何时，但肉类也应该按季节食用：春季吃羊肉、乳猪，春末和夏季吃草饲牛肉。大约 20 年前，出于对季节轮回的尊重，潘尼斯之家决定不再全年供应三文鱼。一直以来，我们餐厅用的都是阿拉斯加的三文鱼，原因显而易见：客人喜欢吃，很容易烹饪，以及本地风味。但年复一年，我们注意到，餐厅转向使用加州本地的三文鱼具有重要的意义，它标志着餐厅更看重三文鱼的可持续性、本土性和时令性。最后，我们决定只采购真正的本地三文鱼，它在 4 月到 9 月上市。每年的这个时候，我们都迫不及待地等着加州国王三文鱼的来临。我们在实实在在地等待着。终于等到国王三文鱼当季了，上市了，它就会出现在餐厅的菜单上，等待已久的美好味道终于来了。最重要的是，按季节烹饪还告诉我们，不能指望三文鱼总是能像往年一样如期而至。由于全球变暖、过度捕捞和自然环境变化，每年本地三文鱼的供应量都在变化。从两年前开始，本地三文鱼的供应时间只有短短六周。我们必须顺应自然的起起落落。当顺其自然的时候，我们就会更加留意生态系统正在发生什么，我们会想着它，关心它。

刚搬到加州的时候，我发现这里四季不分明。我很难过，因为这儿的天气一点特色都没有。我在新泽西长大，知道什么意味着冬天：天气变冷，找出冬衣，花园枯萎，改变食物。时令将我们与生命的流转和大自然的魔法联系在一起。你能相信吗？即使整个冬天苹果树都被冰雪覆盖，一到春天，嫩芽仍然会从枝头冒出。

在伯克利秋天的最后时刻，我喜欢在餐厅的桌子上放一瓶美丽的金色向日葵。我喜欢跟它们说再见：明年夏天见。我拥抱和接纳四季轮回，并相信它们会在明年的某个时刻再次回来。当向日葵凋谢时，还有其他植物来到餐厅：11月，一大束当地的红色开心果枝和柿子叶会出现在餐厅。总有新的美好姗姗而来；这就是大自然的节奏。当你身处厨房，在柿子叶和花朵的映衬下，温暖的香气扑鼻而来——这是炉火上肉汤的香味，烧烤架上的野蘑菇的香味。这一刻，你才会真正觉得这是潘尼斯之家的秋天。这些红金色的柿子叶将大自然带入餐厅，帮助客人了解他们所生活的环境和文化。这种温暖在人与季节变化之间建立了联系，令人驻足，慰藉心灵。接受和拥抱季节变化非常重要。时时刻刻，世间的万事万物都在流变，当我们希望周围的世界总是一成不变的时候，我们就是逆流而上、背离自然。时令有助于引导和推动我们拥抱而不是恐惧季节变化。当我们接受时令，才会感到每一刻都是短暂的，才懂得短暂的生命是多么可贵。

照料

照料和照顾有关：照料土地意味着照料环境，照料包括所有植物、动物及人类在内的整个环境。吃得用心，方能成为照料者，才能改变人与自然之间的关系。成为照料者，是通往真正的环保主义者的必经之道。自然指引人类前行。

照料。说实话，我一直不懂"照料"这个词的含义。即使知道照料的定义，它的含义依然抽象。照料不是一种外在于人的力量，人们无须去应对它。因此，照料不像速度或廉价，能迅速唤起人的本能感觉。照料关乎人的态度和意图，它是一种内在的力量。照料的最基本含义，是指照料事物，如照料宠物意味着喂养它，夜晚带它回家，当它生病时，照顾它。当照料自己养的牛或鸡，照料自己种的苹果树或生菜的时候，俯耳倾听动物和植物的需求，那些有责任感的牧场主和农场主都是这么做的。温德尔·贝里说，照料意味着"让人与本乡本土之间建立联系"。成为一名照料者意味着，"人不再是到此一游的游客，他需要真正了解这个地方，并照料好这个地方。不参与管理，他在当地就没有立足之地"。

我想举个例子——韦斯·杰克逊的土地研究所在堪萨斯州萨利纳的一个项目——来说明这一点。韦斯就是一名草原照料者，由于草原拥有一种与生俱来的抵御自然灾害的能力，韦斯一直致力于研究草原如何抵抗干旱、火灾等环境条件。人们习惯于想种什么就种什么，为了让作物长得好，他们费尽心思，使用杀虫剂、除草剂，过度耕种。然而，在同样的环境条件下，通过这些方式在草原上工业化种植的作物就很容易遭到干旱、火灾的破坏。韦斯·杰克逊的土地研究所的使命就是，向野生草原学习可持续再生能力。野火烧不尽，春风吹又生，几千年来，野生草原都是这样生生不息的。为了搞清楚野生草原上的耐寒植物的生命力为何如此顽强，韦斯一直都在研究野生草原上的植物混养混长。土地研究所寻找那些能在草原环境中茁壮成长的可食用作物，来模仿野生草原的生态系统。如果种植这些作物的话，就不需要喷洒农药，也不会过度耕种。此外，为了从土壤中获取更多的水分和养分，这些作物的根系深深扎根于土壤，抗旱能力极强。有一次，韦斯来潘尼斯之家，他带了一株从草原上挖出来的植物。他向我们展示树根的长度，展开的树根从餐厅的这一头延伸到了另一头。

从创意的角度看，照料的立场完全不同于快餐文化。快餐文化无视自然，并强迫自然屈服于自己的意志。在美国，人们总是努力地使事情可期可控、整齐划一。美国人的草坪就是一个很好的例子。从种植胜利花园转向种植不断浇水、施肥和杀虫剂的修剪整齐的草坪，美国人极为迅速地完成了这一转变。但是，拥有一块整整齐齐的草坪并不等于真正地照料自然。事实上，恰恰相反。就像快餐文化一样，修剪、维护草坪并不是和自然打交道；相反，它意味着把一些外来的、可控的东西强加于草坪。

相反，照料是为自然服务，是在尊重的基础上筑牢人与自然之间的关系。在照料中，人们会留意到植物进化或变化的方式。在照料中，人们的态度具有开放性，照料允许人们去发现、去反思，它让人们认识到，起作用的是诸如水会往哪里流、哪些植物在这块土地上长得更好等更大的环境因素。下厨做饭也是如此，在农贸市场的水果和蔬菜出现在厨房之前，我从不安排做什么菜。遵循按季节进食的原则，我试着让食材来决定今天我做什么菜。下厨做饭，应当道法自然，这种和自然打交道的方式让人们处在一种特殊的人与自然的关系中。

卢玛基金会是一个位于法国南部阿尔勒的激进文化中心，它由玛雅·霍夫曼创立，玛雅是一位富有远见的环保主义者。卢玛实验中心是卢玛基金会旗下的研究项目和智库，它所做的工作与韦斯·杰克逊的研究所类似。卢玛实验中心关注如何创造性地利用本地自然资源，它汇聚了一批科学家、研究人员、艺术家、生物学家、工程师和设计师，他们致力于研究如何以不会破坏卡马尔格地区生态环境的方式，来制造产品。他们使用当地的纤维、蜡和树脂制作纺织品；他们使用海藻制造出最漂亮、最耐用的穆拉诺风格的玻璃；他们使用当地的石头和贝壳制作瓦片和砖块；他们将当地的稻草编织起来，以防止风化腐蚀；他们将植物废料转化为原材料，这些原材料可以制作墙板甚至照明设备。位于芬兰的旋星公司（Spinnova），也是一家类似的纤维技术公司，该公司在两位物理学家詹妮·波拉宁和朱哈·沙美拉的领导下，研究蜘蛛如何制丝，模仿蜘蛛制丝，不需要化学处理就可以将木浆纺制成纤维。为减少对环境造成的负担，旋星公司使用这些创新、环保的方式创造各种纺织纤维。为帮助当地人重建地方经济，管理照料土地时，我们也可以学着这样足智多谋。在每一个小型社区里，我们都可以想一想：如何种植本地的作物？如何找到创新的方法来种植自家的花园？如何以用心、尊重的态度利用周围的自然资源来指导自己生产所需的所有材料？最近我从《华盛顿邮报》上读到，在美国，35 岁以下农民的数量正在不断增加，这是过去的一个世纪以来，第二次出现这种现象，这让我深受鼓舞。这些农民"倾向于经营小型农场，有机种植，种植各种各样的作物，养殖各种各样的动物，并深深嵌入本地的食物网络"。这种转变正在世界各地发生；在加纳，新一代的农民自称为"农业企业家"，他们知道农业是一个具有前瞻性的重要职业。照料的价值仍然存在，并与下一代产生共鸣。

类似的转向照料的行动正在重振我们的城市中心。众所周知，城市食物沙漠的问题非常严重，食品正义组织想出了巧妙的解决方案来回应这些问题。在洛杉矶中南部，罗恩·芬利一直在教人们如何在路边、在人行道之间的闲置土地上种植有机可食用蔬菜；在奥克兰的市中心，城里人农场和人民杂货店都有明确的目标，即照料土地，为市中心的居民提供他们买得起的、健康的农产品。可食用的绿化带——种植水果和蔬菜的小路，蜿蜒穿过城市和城镇——成为吸引人们关注食物并引发对话的公共空间。目前，农夫市场运动在美国各地如火如荼地发展着，这是我所知道的最快、最有效地推动城市复兴的措施之一。

我们永远不能低估国家级、国际级的领袖种植菜园所带来的象征意义。米歇尔·奥巴马的白宫菜园向人们传递了有关照料、社区参与和儿童营养的重要信息。

创办潘尼斯之家时，我们还不是这片土地的照料者。如果说我们的所作所为和照料靠得上边的话，那就是，我们是文化照料者，尽管当时我们并没有完全意识到这一点。我们对已经存在了数百年的法式烹饪充满热情，琢磨如何设计一份传统的菜单，如何烹饪新鲜食材，如何与公众交流这些想法，我们想通过各种方式保留那些饮食方式。我们细细研读旧菜谱，按照菜谱要求做菜。但在最初的这些日子里，我们总会在某个点遇到挫折。《拉鲁斯美食指南》里的一个菜谱写道，"用盐和胡椒粉腌制鸡肉，放进烤箱，取出来，就行了"。这些方法都很简单，我们遵循菜谱的指示来做，但是，做出来的味道总是不对——因为鸡本身没有味道。很快，我们就发现来自本地有机农场主的肉更美味，也许和20世纪30年代在法国出版的《拉鲁斯美食指南》第一次出版时的肉一样美味，因为当时工业化农业尚未普及。我们还发现，食物的味道与动物的饲养方式、照料方式有非常直接的关系。

当我们把工业化养殖的鸡换成牧场饲养的有机鸡后，成品的味道发生了巨大的变化。同样，当地农民种植的有机蔬菜的味道也更好。我们意识到，餐厅必须成为经济支持系统的一部分，才能让农民继续从事有机种植。事实证明，我们不仅成了文化照料者，也成了土地照料者。潘尼斯之家所做的最重要的工作就是，为顾客提供对他们有益的美味食物，并且这些食物充分考虑了环境。

在气候急剧变化的时代，很有必要将照料作

为经营一家餐厅的首要动机。当餐厅经营者以正确的方式为客人提供食物时，他们是在潜意识里进行着照料的工作。客人们觉得自己被温柔以待，与世界建立了联系，而且由于食物的味道很好，他们深受启发，回家也学着用这种方式烹饪。我常常看到这一幕。照料不仅仅是农民、牧场主和自然保护组织的事儿。教师也是照料者。他们是知识的照料者，是孩子们的照料者。母亲和父亲也是照料者。这是所有父母的职责。最关键的是，我们是自己生活的照料者，方方面面，巨细无遗，所以，我们都有能力成为土地的管家。

　　可持续发展是照料的重要组成部分。可持续发展的基本概念是，为避免自然资源枯竭，要保持生态平衡，如果人们从环境中拿走了一些东西，他们就应该还回环境一些其他的东西。平衡感，甚至是公平感，都根植于可持续发展的概念之中。

　　但遗憾的是，"可持续发展"这个词被快餐文化误用了。它甚至已经被快餐文化收编了。有一次，我和罗恩·芬利一起参加慢食国际的活动。在讲坛讨论的过程中，"可持续发展"这个词又出现了。

"可持续发展是胡说八道"，罗恩说。"我们需要的是再生实践，而不是可持续发展。"他解释道，当广告公司、快餐公司和大公司开始吹捧他们的"可持续发展倡议"和成就时，可持续发展已经失去了意义。更重要的是，罗恩认为，可持续发展的定义就是维持现状，如今现状已经糟糕透顶，环境真正需要的不是可持续发展，而是再生。罗恩绝对是正确的。我们已经过了可持续发展的阶段。今天我们需要的是再生农业，用这种方法来修复人类对地球、对自身所造成的损害。再生农业是一种积极有为的管理。

我们所说的再生农业究竟是指什么？当然，它比我们通常所说的可持续发展更进一步。它也超越了美国农业部对有机的严格定义，即没有使用杀虫剂、除草剂或转基因技术。再生农业囊括了有机农业的所有价值，但它还着眼于增加动植物的生物多样性、重建恢复表层土壤的健康、堆肥以及创造一个功能强大、生机盎然的生态系统。甲烷和一氧化二氮是大气中最常见的两种温室气体，在美国，牲畜养殖和过度放牧等工业化农业产生的温室气体污染，占全球甲烷排放量的37%和一氧化二氮排放量的65%。如果要认真应对气候变化，粮食系统必须发挥主导作用。当人们改变土地条件并通过再生实践恢复土壤时，他们从大气中提取碳并将其放回土壤，这就是碳封存。对于应对气候变化来说，碳封存是一种有效、自然的再生方法。

就像人类一样，土壤也有自己的消化系统，再生农业的一个重要组成部分是了解土壤的成分。要成功地种植出健康的作物，就要确保土壤中含有所有必需的矿物质、微生物群、有益细菌和碳，所有这些元素就是土壤的养分。土壤中各种元素的完美平衡至关重要。作为一种自然的存在，土壤是随着养分的变化而变化的，再生农业有助于调节和改善状态急剧恶化的土壤。

再生农业与人类健康的关系就体现在这个方面。当土壤成为大量有益细菌的宿主时，它们会

照料

包围并渗透进生长在其中的作物。当人们吃这种土壤上长出的食物时，土壤所提供的益生菌也会在他们的肠道微生物群中繁殖。科学研究已经证明，食用生长在肥沃、有生命力的土壤中的食物可以重建人们的免疫系统。

世界上的每一种文化都将食物视为药物："姜黄减少炎症。""全麦健胃消食。""大蒜胜十妈。"对我来说，有关微生物群、免疫系统和再生农业的新兴研究是一种启示。食物可以改善健康，一直以来这只是我们的直觉，但现在科学以更容易让人理解的方式，验证和证实了这一点。土壤健康，地球就健康，人类也更健康。

照料不仅关乎再生，也关乎保护。美国拥有如此之多的荒野，我一直感恩在怀。每次当我沿着加利福尼亚崎岖多岩的海岸线旅行时，我都会深深感激 1960 年代的环保主义者，他们富有远见，面向未来，保护这些荒野免受工业化、城市化发展之害。荒野具有无法估量的价值，其价值远远超过土地的狭隘经济价值，为了共同的人类认同和国家的福祉，人类需要保护荒野。但即便如此，许多人似乎仍然认为荒野与人类没有关系，对他们来说，去荒野徒步和去趟迪士尼乐园没什么差别，他们没有将荒野看作自家后门外的、与自身息息相关的空间。但事实是，人们可以在自家花园、消防楼梯、当地公园、社区花园的街区等自家后门外的空间里，与大自然建立日常的、积极的、局部的、可再生的联系。如果把大自然当成自家后院的一草一木，人人都可以是环保主义者。

照料工作的结果之一是，在这一过程中，人们学会了与自然和谐相处。通常人们认为，自然令人生畏，既不神秘，也不亲切。但是，自然的美恰恰在于它是无法预测的。当人们真正了解了自然，就会欣赏它的奇妙、野性和神秘。自然教人们活在当下，教人们认识自我，教人们认识到自己无法控制自己的生命。自然是关于生与死的循环——还有什么比这更重要呢？人们只是不愿意承认自己是这个循环的一部分。一旦承认这一点，自然会帮助他们理解如何做人。

大卫·布劳尔的《让山说话，让河流奔涌》（*Let the Montains Talk*，*Let the Rivers Run*）是我最喜欢的书之一。布劳尔是现代环保运动之父，也是1950 年代塞拉俱乐部（Sierra Club）的第一任执行董事，他参与过 1960 年代初期的反对大峡谷筑坝行动。布劳尔精彩地谈及自然界如何激励人们去行动，以及人类对"CPR"——保护、保存和恢复——的迫切需求。2000 年，布劳尔 88 岁那年，也就是在他去世前几年，我有幸第一次见到了他。他住在伯克利，我邀请他在马丁·路德·金中学做了一次演讲，当时我们刚刚在这所学校开始了"可食校园项目"。在谈到"保护、保存和恢复"的重要性后，他问听众："这个房间里有多少人愿意为'保护、保存和恢复'放弃自己一年的生命？"

　　几乎所有人都举起了手。

　　"嗯，我的时日已经不多了"，他说。

　　"你们中有人会相信自己的信念，真正站出来做些什么吗？你们谁愿意负责？如果你们有决心要做某件事，现在就需要采取行动。"

　　我听到了他的呼吁，感同身受。我相信，如果人们对生活中的任何事情都有如此强烈的感受，那么他们一定会义无反顾，积极行动。

工作的乐趣

　　人们发现，即使是面对那些有一定挑战或者难度的工作，当他们在其中寻找乐趣时，他们是可以带着使命感和参与感来完成这些工作的。作为生活必不可少的组成部分，工作是一种与生态责任和尊严有关的潜在力量。在工作中寻找乐趣告诉人们，第一，工作不是负担，工作这件事儿也可以是令人兴奋的、愉悦的和有成就感的；第二，工作场所应该是人性化的。

　　一说到工作，人们的反应几乎都是负面的。由于深受速度、方便、统一等快餐价值观的影响，人们认为，工作是繁重的、需要忍受的劳作，工作不考虑精神、身体和环境损耗等带来的成本，工作将人与日常生活隔绝开来。由于涉及人们对自己所选择的工作、职业的不同感受，工作的乐趣可能是最难展开讨论的慢食价值观之一。许多人都由衷地认为，只有牺牲才能赚到钱，才能把面包拿回家，但是，如果工作的代价是牺牲日常生活的幸福，这样的工作没什么意义，不干也罢。大家之所以都这么想，似乎是因为系统告诉他们，工作是件苦差事。但工作并不必须是件苦差事。

很久以前，参加蒙台梭利的教师培训让我第一次领悟到"工作即快乐"的意义，这是我从玛丽亚的蒙台梭利哲学中学到的最重要的东西之一。蒙台梭利在《发现孩子》一书中写道，"在某个特定的时刻，孩子会对一件作品产生浓厚的兴趣"。"我们可以从他脸上的表情、聚精会神和对某项活动的投入中看出这一点。"她解释说，工作有时很困难，有时又很轻松。工作的难易程度随着时间的变化而变化。但总的来说，人们应该从工作中获得成就感。工作和乐趣息息相关。在蒙台梭利的教室里，孩子们选择参与的任何活动都被称为"工作"，但他们不将这些工作看成是负担。年幼

工作的乐趣

孩子的工作是给自己倒一杯水、学着切水果、用餐布布置桌面、铺床或者扫地。他们带着使命感和自豪感来练习这些实际生活技能，他们跟着自己的直觉走，在兴趣的指引下，学着掌控自己的身体和周边环境。最重要的是，在学习这些技能的过程中，老师给了他们最基本的信任和尊重。

家务活儿也是"工作"，这些工作对人们的生活至关重要。一直以来，人们被工业化的快餐文化灌输洗脑，认为家务活是卑微的、不受欢迎的任务，但实际上，家务活可以治疗和赋能。给菜园里的植物浇水，做一顿饭，叠衣服，做这些小家务很有意义。想要在工作中找到乐趣，关键在于感官体验和专注。干这些活儿，可以帮助人们留意到那些常常被他们忽视的事物，帮助人们与家庭、社区和自然循环建立联系。

我从不认为我的工作是"劳作"，将工作看成"劳作"是我们的文化对工作的传统理解；有关工作的内涵，我更倾向于接受蒙台梭利的理解。"工作即乐趣"，也许这是一种奢侈的感觉，但做饭确实是我的激情之所在。自潘尼斯之家开业以来，我们从不认为做饭是"劳作"。这并不是说做饭很容易，其实做饭这事儿很难。但是，我们并没有把做饭想成是每日的辛苦劳作。首先，我们使用居家做饭的方式做饭。这是很有创意的，它所带来的乐趣之一就是，大家共同努力，自己动手解决问题。其次，我们也不认为经营餐厅就应该遵循常规的工业化经营模式；在此前，大家都没有餐厅工作经验，所以，潘尼斯之家也没有按照传统经营模式来运营。潘尼斯之家没有等级科层制。餐厅不会让底层职员上早班，准备食材，从头到尾都是大家一起来完成餐厅的各项工作。我一直觉得做饭就是要接触食物，它会带来一种内在的快乐。最后，潘尼斯之家以使命为导向，我们希望以一种明确清晰、大大方方的方式向顾客推广食物的味道和美感。给人带来美好的食物，这种想法确实让我们的工作变得更愉快。随着时间的推移，这一使命不断发展，有机农业运动也被囊括进来了，使命的每一次扩大，我们都备受鼓舞和启发。

潘尼斯之家并没有真正的"后院"。餐厅后院是指隐蔽在餐厅后面的工作场所，在这里，一群客人们看不见的人在做饭、洗脏盘子、处理脏衣服、整理储藏室。对客人们来说，餐厅后院是一个被隐藏起来的区域。隐藏起来暗示着，在后院里进行的某些工作是令人不快的。我不希望我们餐厅出现需要隐蔽的角落或者令人不快的区域。经营一间餐厅，需要定期检查浪费、员工用餐、更衣室和办公室，等等。每个空间、每项工作都应该以整间餐厅为背景来考虑。是的，这么做是基于审美的考虑，但归根结底，这么做是基于社会和环境方面的人性化考虑。如果事情和人都近在咫尺，你就必须将它们纳入考虑范畴。你必须认识到，那些"不雅"的元素也是整个过程的一部分，从餐厅员工、餐厅客人的角度看，应该改进这些"不雅"的元素。

　　双手劳动，慰藉心灵。双手劳动是在工作中寻找乐趣的一种简单方法。蒙台梭利说，双手是心灵的工具，缝衣服、用手搅拌原料、摘苹果，手巧方能心灵。双手劳动具有一种与众不同的特点。因为它是用双手去完成一项工作，这是一个使用触觉、使用感觉与周围世界建立关系的过程，在这个过程中，人会变得很投入、很专注。从打鸡蛋到最后的成品蛋奶酥，所有这些都是整个过程的一部分，手工制作过程会给制作者带来满足感。手工制作以过程为导向，在这一过程中，人可以不断辨别和调整不对劲儿的地方。他可以根据自己的节奏，来调整何时提高速度，何时放慢速度。以剥豆子为例，剥豆子的人打开豆荚，在摸索中，摘出里面每颗豆子，在这一过程中，慢慢找剥豆子的感觉，直到找到最好的方法。在剥豆子的过程中，他也注意到豆子在豆荚里的排列方式，剥好了，看着豆子，他会想瞧瞧我都做了些什么！我们让餐厅里所有承办预约业务的员工在工作之余，剥豌豆、蚕豆和鹰嘴豆。他们一边接预约电话，一边剥豆子，这简直妙极了！这些员工正在参与创造一些没有他们的努力就不可能发生的事情。如果没有他们，餐厅无法供应新鲜的鹰嘴豆或青豆。这项工作将员工们与季节联系

工作的乐趣

起来，厨师们也非常感激他们所做的一切。每次厨师会议，厨师们会围坐在桌旁，一边择菜，一边讨论当天的菜单。大家一起动手做这些事儿。有一次，我把一篮子未去壳的豌豆放在楼上吧台上，顾客们也开始剥豌豆！

当人们自己剥豆子时，才会明白豆子来之不易，瞧，花了这么长时间，我只剥了这么一小碗豆子。通过自己剥豆子，人们才能理解那些为自己做这种工作的人的价值。每个人都应该知道在田里摘豆子是一种什么样的工作，或者在餐馆里洗盘子是怎么回事。我的父亲是一位商业心理学家，他想帮潘尼斯之家更好地运营。为了实现这一目标，他觉得有必要了解一下洗碗工人对自己的工作到底是怎么想的，以及洗碗这种工作到底是怎么回事。因此，下班后，他进入潘尼斯之家的洗碗间，和洗碗工们一起洗锅。父亲帮助我们改变了经营餐厅的方式。最终，我们把洗碗台放进了厨房，在厨房里安装了更多的窗户以利通风，并想各种办法让洗碗工与厨师有更多的联系。

人们很少考虑他们工作场所的实际物理环境。

房间里有什么？在房间里我们看到了什么？当我们创办潘尼斯之家时，我非常重视"准备环境"，这是蒙台梭利哲学的另一个重要方面。我想好好布置厨房，让人们因此而爱上为他们准备的食物，让厨师们拥有一个舒心的工作空间。我们在厨房的墙上挂照片，在厨房里摆放铜灯，在水槽附近墙上贴上特殊的瓷砖，并在挂钩上挂上漂亮的老壶，在壁炉上方的挂钩上挂上漂亮的旧锅。我想找到一种方法，可以将外面世界引入工作场所。但有一点令我沮丧，由于厨房和餐厅之间隔着一堵墙，朝西，挡住了厨师们的视线，我们的厨师看不到日落。巧的是，潘尼斯之家刚开业那会儿，发生了一场火灾，那堵墙被烧没了。我们没有重建这堵墙。现在厨师们每天在厨房就能看到日落了。而顾客们也可以看到在厨房里做菜的厨师。

2002 年冬天，在启动耶鲁大学可持续食品项目时，为了向师生们介绍从农场到餐桌的概念，我们想在耶鲁大学举办一次特别的晚宴。当时迈克尔·波伦就住在附近，他提出为晚宴的甜点馅饼提供苹果。（在冬天，我们喜欢使用苹果作为食材，因为它们储存得很好。）但当时纽黑文下大雪，他迟到了。为了处理苹果晚到的问题，我们改变了耶鲁大学厨房工作人员的全部工作方式。最后一刻，苹果终于到了，大家都停止了手头上的工作，一起来做苹果馅饼。这些厨房工作人员以前从没这么做过，因为工会严格规定了他们的角色和薪水——备料工在这里备料，洗碗工在那里洗碗。事实证明，大家共同制作的苹果馅饼非常棒。饭后，全体员工来到餐厅，欢呼雀跃。工作的乐趣之一就是打破了这些人为的障碍。人们的工作岗位被固定，人们过于在乎报酬，以至于他们忘记了合作的乐趣和力量。

　　找到一份让自己感到愉快和觉得有意义的工作很重要。同样重要的是，让自己手头上的工作变得人性化和令人愉快。但是，如何让单调乏味的工作环境变得更令人满意？我的朋友达维亚·尼尔森和尼基·席尔瓦是国家公共广播电台的专题节目制作人，他们曾经制作过一期古巴雪茄卷烟工人的故事。如果要做一些必须做且重复度高的工作时，工人们想了一个办法，好让他们在工作的时候能有些乐趣。他们请来一位善于公开演讲的同事，站在工厂的中间为其他工人朗读。卷烟工人集体决定他们想听什么，朗读者给他们读一些他们可能永远不会读的书，如雨果、儒勒·凡尔纳、大仲马。在工作时，整个卷烟厂的工人都在一起听文学作品。这种创造性的问题解决方式给工作带来了乐趣。

我并不是说工作总是要像度假一样轻松、愉悦。我的意思是，工作应该是有吸引力的，让人感到有成就感的。工作要体现人道主义。工作应当有助于维护人性，而不是剥夺人性。目前人们仍然在遵循 19 世纪的劳动模式，这种工作场所模式来自工业革命。当然，也正是从那时起，许多工种的工作条件得到了改善。但是，现在这种流水线工作模式已经被格子间模式取代。为了最大限度地提高工作效率，人们在办公桌前吃饭，把自己限制在格子间里，彼此之间既没有合作，也没有互动。事实上，为了公司利润的最大化，有

工作的乐趣

些工作故意让员工之间互相竞争。最近，我在跨国科技公司（Salesforce）演讲，被问及如果公司明天能采取一项人性化措施，对其工作惯例做出重大改变的话，这一措施是什么？我非常迅速地回答道，"员工们一起吃午饭"——没有人对这一回答感到惊讶。重要的是，要有一个地方让大家聚在一起，坐下来，分享美味的食物，并且能够聊天——不仅仅是与他们一起在格子间工作的人聊天，还要与清洁工人聊天。公司高管们也应该参与其中。公司应该有一个真正的用餐时间，一个合适的午餐时间。人们坐在一起，能让每个人感到自己工作是有尊严，彼此之间是平等的。我一直主张在公立学校系统中也采取同样的措施，学生、教师、行政人员和维修人员应当一起吃午餐。午餐应该是学生一天中的核心时刻，是滋养自己、与整个社区建立联系的时刻。

　　大约 30 年前，一位叫凯瑟琳·斯内德的女士打电话给我。凯瑟琳是旧金山警察局的一名治疗

师。她目睹了那些年轻的黑人男子被困在支离破碎的监禁体制中。她说服了警长，允许她在县监狱创建了一个菜园，作为一种治疗形式，监狱里的犯人可以去菜园种菜。这就是凯瑟琳与体制斗争的方式：她想为这些犯人创造一个独立于钢筋混凝土监狱的自然空间。凯瑟琳问我，如果按照潘尼斯之家的要求种植菜园，我们是否愿意购买犯人们种植的果蔬，从而作为一种资助她的项目的方式。我毫不犹豫地说，愿意。

"好吧，我想让你先来见见我的学生们"，凯瑟琳说。

我试图拒绝；我不好意思说出口，其实我害怕访问监狱。

但她坚持，"你需要见见我的学生"。于是我就去了。凯瑟琳把所有的"菜农"都带到圣布鲁诺的七英亩土地上，它就位于监狱正门的对面，那里有一排排六英尺高的向日葵、西红柿、草本植物、一丛丛的西葫芦，还有一个温室。凯瑟琳问这些"菜农"是否愿意谈谈他们种菜的事情。

一个 19 岁的家伙举起了手。"也许我不应该发言，因为这是我第一天来菜园。"他说。"但这是我生命中最美好的一天。"

每次讲起这个故事，我都忍不住流泪。凯瑟琳领悟到，对男人来说，帮助植物生长是一种治疗方法，而亲手在土地里劳作则能给他带来翻天覆地的变化。她明白，在大自然中进行有意义的劳动具有一种力量，它可以改变人的生活。该项目不仅为潘尼斯之家供应农产品，也将种植的食物分送给旧金山的无家可归者中心。向有需要的人提供食物，这也是转型经验的一部分。最后，凯瑟琳在不远处的湾景区建了一个过渡性菜园，以便在她的学生们出狱后，既学有所用，也有一份自己喜欢的工作。凯瑟琳的菜园所种植的果蔬在渡口广场的农贸市场出售，菜农们也经常去旧金山的"树木保护组织"工作，这是一个负责保护旧金山城市树木的非政府组织。凯瑟琳的菜园项目直接启发了我，我决定启动"可食校园项目"。如果种植菜园可以改变监狱里的犯人，为什么不在学校里也这样做呢？

20世纪初的教育家詹姆斯·拉尔夫·朱厄尔

写道："学校菜园告诉学生，公共财产、经济、诚实、勤奋、专心、公正、劳动的尊严的重要性，以及热爱自然美景。"很长一段时间以来，人们一直认为，作为一种职业，农业知识需要在学校讲授才能习得。但是，也许美国人从未真正理解农业的价值。在美国，农业劳动被视为耻辱，黑人奴隶制的历史更加剧了这种耻辱。这是美国的巨大创伤，直到今天，创伤依然存在于美国当前的农民工和移民政策中。从事体力劳动的人需要得到激励，需要获得相应的报酬。人们得明白，从根本上讲，园艺、农业与营养有关，照顾好土地最终关乎他们自己的健康、地球的健康。在学校教育孩子们，农业劳动是一项有尊严的、光荣的工作，对他们的身心和社会都有益处。农业是一种更高尚的职业。赋予农业这项工作更高使命感的那些价值观，如与自然的联系、社区、营养以及合作，也可以成为任何其他工作场所和整个社会的价值观。

简单

　　将简单视为一种慢食价值，是因为珍视构成自然的那些最基本的元素。简单助澄明，它领着人们绕开那些不相干的、装模作样的干扰，穿越重重迷雾，直接靠近基本的、真正的、真实的元素，与它们建立联系。简单欣赏自然的各种基本元素，并不意味着它否定自然界的复杂性。与越多越好相反，简单这一价值提醒我们，少即是多。见微知著，简单鼓励人们相信小的力量。

　　在西班牙时，我去参观巴塞罗那的大型中心食品集市。一路上我循着香味，来到路边一家小商店，原来是在橄榄木上慢慢地烤的杏仁发出的香味。我马上就发现，这家商店只出售一种食物——杏仁。你可以看到在柜台后的明火上，烤杏仁的人正在转动一个金属桶，里面装的是坚果。他们端上来热乎乎的，装在小纸筒里的烤杏仁，装得满满的。只有漂亮、完美的杏仁，仅此而已，我喜欢这家商店的简单和专注。

一直以来，用简单的方式做饭都是我的心头好。但在餐饮行业，人们普遍认为"简单"意味着不够复杂；早些时候，在潘尼斯之家，我们常常遇到这种情况；一位法国厨师走进餐厅说，"只有一片水果吗？就这么多吗？这不是吃饭，这是购物"。他们认为餐厅的食物不够复杂，不足以成为美食。但是，如果说购物是指选择正确的食材，那么，是的，这就是购物！我不希望为了追求"花里胡哨"的食物，遮蔽了食材的味道。我喜欢让食材自己说话。为实现这一目标，当食材刚从农场或市场送到餐厅的时候，我就亲自去看看它们。只有这样，我才能知道该食材产自何地。了解食材的产地是餐饮行业中最重要的环节。产地，就像时令一样，是开启食材味道的开关。它引人辨味、教人识味，让烹饪更透明、更直接。知道

简单
167

食材的产地可以帮助人们如何烹饪，或者干脆不烹饪生吃。比如鱼应该烤着吃吗？还是像鞑靼人那样吃生鱼？为了寻找上好的食材，人们要反反复复地试错，但是，一旦上好的、纯净的、新鲜的食材到手，用最简单的方法，人们就可以直接尝到原汁原味的食材。很多时候，在家做饭的最好方法就是，用最简单的方法烹饪上好的食材，做多错多，无须节外生枝。

我的厨房里备有十几种基本食材：橄榄油、大蒜、醋、盐、生菜、香草、凤尾鱼、香料、面粉、鸡蛋和柠檬，这些是我每天做饭的必备原料。只要有这些基本食材，我可以做出各种美味佳肴。

餐厅刚刚开业的时候，人们总是批评我们餐厅只有一份菜单。但是，这是唯一的方法，通过这种简单的方法，我领着人们走向我想让他们品尝、感受和了解的食物。如今人们对餐厅的这一份菜单充满期待，因为唯有如此，他们才可以专注地品尝一些平时自己不会选择的食物，一些带给他们惊喜和快乐的食物，一些他们吃后再也忘不了的食物。

一直以来，在潘尼斯之家，简单作为一种有组织的力量，贯穿了从餐桌上摆放多少银质餐具，到餐盘里盛多少食物，再到每份菜单的设计等各个环节。我们一直努力让客人的就餐体验变得简单清晰，给客人带来对食物及其文化的最纯粹、最直观的理解。这并不是说，我们在烹饪中避免复杂性或者创造性，高汤、馅饼或奶油烤蔬菜都可以是复杂的。无论是按照传统食谱烹饪，还是发明新菜式，简单意味着，尊重食材，以返璞归真的方式提纯食材的风味。当我从头到尾琢磨如何设计整个菜单时，我是在寻找某种平衡；因为只有了解了食材的本质，才更容易找到平衡。比如我发现，人们钟情于蔬菜沙拉与酥脆的炸土豆、鲜嫩的烤鱼的组合，因为这些食材之间有着鲜明的对比。

　　过去每年我都会为纽约"车轮上的食物"慈善活动做饭，这项活动的组织者是一个非营利组织，它专为老人和病人提供食物。全国各地的厨师都会来洛克菲勒中心做饭。为了这一有价值且重要的使命，厨师们都很慷慨，带来了很多食物。在洛克菲勒中心，组织者搭建了一个高端的美食广场，里面设置了很多"车站"，客人们到处走动，从"车站"上取食，这些精致的食物来自不同餐厅。但是，在客人们的餐盘里，各种食物堆积如山，鱼子酱薄饼边上是奶油泡芙，奶油泡芙边上是菲力牛排片，它们和盘子里的其他食物混杂在一起，根本吃不完。于是，潘尼斯之家决定我们的"车站"只提供最简单的食物——甜筒冰淇淋。甜筒冰淇淋没法随便放，拿了之后，必须马上吃掉，否则会融化，我喜欢这一点。我们用位于兰乔·圣达·菲的奇诺农场出产的美味、珍贵的马拉渡斯草莓，制作冰淇淋。配方非常简单，只有草莓、奶油、糖，仅此而已。马拉渡斯草莓味道浓醇，只需要一点点就够了，非常节省食材。我们也自己制作蛋筒，这是一种劳动密集型的工作。结果是，客人们没法把冰淇淋蛋卷和菲力牛排一起放在餐盘里，事实证明，我们的做法是成功的。

简单也可能是一个完美的桃子。还有什么比得上一个自然长成的桃子呢？20年前，作家埃里克·施洛瑟在《快餐国度》（*Fast Food Nation*）一书中揭露，快餐奶昔经常使用人造草莓香精，这种香精含有近50种化学成分，如醋酸戊酯、丁酸戊酯、醋酸苄酯、异丁酸苄酯和丁酸异丁酯，这些名词很少出现在日常生活中。实际上，人们犯不着为一棵生菜或一把香草贴上成分标签。我认为，如果一个人说不出食物的名字，他就不能吃这种食物，这是一条基本规则。

受快餐文化影响的人无法理解简单的真正含义。它使人们误以为简单就是容易、速度和方便。简单可以指容易、快速和方便，比如煮一个鸡蛋或者加热一个玉米饼。但我敢保证，简单不一定就是容易。在某种程度上，面包由面粉、水、酵母和盐组成，面包配方可以很简单，它是一种最简单的食物。但是，没人敢说制作面包很容易，它需要大量的知识、实践和经验。

我喜欢讲"少即是多"。由于不想浪费食物，我点菜绝不超过自己食量，比如在潘尼斯之家，我从来只点半份。在"可食校园项目"中，为了教育学生要按需取食，为他人着想，我们提供的是家庭式饭菜。一碗食物由整桌人分享。当学生们从碗中给自己取食的时候，可以意识到自然资源不是无限的，这是一堂有关节俭的课，此外，这么做也有助于他们欣赏盘子里的食物。我肯定他们把这一课带回家了。

简单农业是指小规模农业，小规模农业有助于农民亲近土地，了解土地。对土地了解得越多，土地就越能发挥其肥力和生产力。小规模种植有助于人与大自然建立亲密关系。当人们在一片土地上走过千百次，经历春夏秋冬，他们就会了解这片土地的潜在力量和丰富多样，他们甚至会了解超出他们种植范围的土地：他们会知道，秋天，在山脊上的大橡树附近，可以找到蘑菇；他们会知道，在森林上方的岩石山丘，可以找到野生百里香，他们还会知道，暮春时分，西洋菜在溪流中生长。温德尔·贝瑞在《小思考》（*Think Little*）一书中生动阐述了这种观念。在踏遍自己的土地后，温德尔·贝瑞写道："我仿佛看到自己像其他本地动植物一样从地球中生长出来。我把自己身体和日常行为看作是地球能量的简短而连贯的表达。"当人们学会如何以正确的方式照顾土地时，一小块土地的食物产量惊人。作家约翰·杰文，是我的导师之一，他著有《如何用少量土地和水种植出比你想象的更多的蔬菜及水果、坚果、浆果、谷物和其他作物》[*How to Grow More Vegetables（and Fruits，Nuts，Berries，Grains，and Other Crops）Than You Ever Thought Possible of Less Land with Less Water Than You Can Imagine*] 一书，我喜欢这本书的书名。题目说明了一切！仔细想想，自己种粮食就是养家糊口的一个简单方法，即使这并不容易。

就像自然农夫福冈正信在其 1975 年的开创性著作《一根稻草的革命》（*The One-Straw Revolution*）中所指出的，有时照顾土地的最好方法就是顺其自然。福冈将他的农业方法称为"无所事事的农业"，他不使用机器、杀虫剂、化肥，也不准备堆肥；他几乎不除草，也不耕地。他说："似乎不可能有比我这种种植方式更简单的种植方式了。"然而，尽管缺乏那些所谓必要的农业干预措施，福冈正信农场的收成与日本传统农场相近，甚至更高。令人惊讶的是，在福冈正信的书出版近五十年后，我们仍然在与工业化农业是实现高产量的唯一途径——这一持续存在的神话——做斗争。

在佐治亚州，"厨农"马修·雷福德和他的妹妹阿尔西娅经营着一个小农场，这是一个有着130多年历史的家族农场。雷福德和福冈正信一样，践行着简单农业的精神。雷福德有意与土地建立一种并不复杂的关系。在他看来，这么做有助于最大限度地减少那些干预措施，同时也有助于土地自然发展，从而可以见证土地的自然平衡和慷慨大方。正如他所言："人类从自然中获取了如此多的东西，并试图使自然屈从于他们的意愿；如果人们不喜欢植物生长的方式或者生长的地方，他们就把它拔掉。但并不是所有东西都是大麻。就拿蒲公英来说，无论是美丽的黄色花朵，还是黑巧克力色的根，都美味可口，都可以食用。如果慢慢来，大自然会向我们展示，人与自然和谐友好地相处其实很简单。"

当人们组织食物网络时，应该优先考虑简单这一价值。本土化农业更简单，因此，它更直接、反应更灵敏。小农场能够更好地满足其所在社区的特定需求，反之亦然。这是一种自下而上的、自力更生的经济方法，避免了对全球化公司的过度依赖，这些公司往往将总部设在世界另一个地方。在某种程度上，美国政治部分地建立在小农场经济价值观的理想之上，这是一种最能体现代议制政府的价值观。

在新型冠状病毒大流行期间，我们亲身见证了小规模的、去中心化的网络的优势。在新的、意想不到的情况下，小型农场的适应性更强，甚至可以繁荣发展。2020 年 5 月，当时美国已经隔离了两个月，桃农马斯·升本在《纽约时报》的一篇文章里写道："这是一个小即是美的时代。""船小好调头，规模越小，转型越容易。"一直以来，人们认为需要大公司来养活自己，但其实他们并不需要。事实上，如果人们认识种植和生产食物的农夫，或者干脆自己种菜，粮食安全就有了保障。

简单可以改变人的整个生活；大道至简，简单到极致的事物会给人带来一种既强大又自由的感觉。实际上，人都渴望过一种简洁、闲适的生活。不必要的打扰越少，人的负担就越轻，就越有活力。当周围世界很简单的时候，人们对世界、对彼此的回应会更充分。在谈及现代人的生活不够简单的时候，蒙台梭利形象地说，人们好像走进一家大杂货店，在各种选择面前，茫然不知所措。真理与谬误、真实与虚假缠绕在一起，以至于人们无法辨识什么是真理，什么是真实。简单是值得追求的理想，它为人们创造了一条通往真实的道路，它引导人们走向诚实和正直。也许简单是所有慢食价值观中最珍贵的一种价值。

万物生息

据说，人是独立自主的个体，他们按照自己的欲望和冲动行事，为自己独一无二的意志所驱动。虽然人的经历往往带有个人色彩，但是，在身边大型动态网络的指导、影响和支持下，人与人之间彼此联系，密不可分。围绕食物这一农业网络，种植食物的人与采摘食物的人有联系，采摘食物的人与运输食物的人有联系，运输食物的人与销售食物的人有联系，销售食物的人与烹饪食物的人有联系，烹饪食物的人与食用食物的人有联系……一旦人们理解了人与人之间，人与自然之间相互联系的方式，他们就会释放出某种力量，这种力量自然而然地引导他们对生活、彼此和世界负责。

在潘尼斯之家开业之初，我的朋友杰瑞负责给餐厅供应鱼。在一个天气炎热、阳光明媚的日子里，杰瑞放下鱼后，闻到了从外面垃圾箱里传来的臭味。他打开那个大金属容器往里看，好家伙，垃圾袋被鱼刺和鱼鳍戳破了，满垃圾桶都是鱼内脏。杰瑞被吓坏了。他大步走进餐厅说："爱丽丝，你跟我出来。"他把我带到垃圾桶边说："到垃圾箱里去!"我照办，走进了装满鱼内脏的垃圾箱，我也惊呆了。至今我仍然记得杰瑞对我说的话："如果你是垃圾清理工，你愿意将这些垃圾运到卡车上吗？如果你是垃圾清理工，你想闻到这些臭味吗？你得为其他人想想。"我把垃圾桶清理干净了。从那一刻起，我开始意识到，一家餐厅的全部运作与外部世界之间的关系。同时，我也知道我们扔掉的那些东西究竟是什么。

最终，我们改变了整个餐厅的垃圾处理系统。我们开始使用双层垃圾袋装鱼类垃圾，并用绳子将袋口扎紧，由两个人将垃圾袋小心翼翼地放进垃圾箱。我们转变观念了。从此，潘尼斯之家开始致力于堆肥，并使用可堆肥垃圾袋。最后，我们开始把厨余垃圾送回到农民鲍勃·坎纳德的农场。餐厅里的大部分厨余垃圾最初都来自鲍勃的农场，他希望，餐厅里包括鱼类垃圾在内的所有厨余垃圾，都能成为再生农业的一部分。鲍勃告诉我们，碳来自土壤，堆肥就是从空气中提取碳，再让碳重新回到土壤中，再生农业将对气候变化产生直接的影响。

鲍勃的整个农场都建立在万物互联的基础上。当我的父亲第一次见到他，品尝了埋在杂草中的那根与众不同的胡萝卜后，鲍勃告诉他，是他的耕作方式直接造就了胡萝卜的味道。在鲍勃的农场里，他种植的所有植物都与土地有着某种联系：这一株杂草可以为土壤添加氮，那一株杂草可以抵御害虫，还有一株杂草可以以某种方式固定土壤。这些杂草也叫伴生植物，它们可以促进土壤健康，帮助土壤生产出最美味、最有营养的蔬菜。

当潘尼斯之家开业时，朋友们从他们的后院给我们带来了梅耶柠檬、野生黑莓、萝卜等食物。

对此，我非常感激；这些礼物为潘尼斯之家带来了全新的口味和食材，并将餐厅与社区、与我们身边所种植的食物联系起来。我们开始与周围农场合作，这种亲密关系帮我们认识到，种植食物的过程中涉及哪些工作，意识到这一点后，我更加感激那些在烈日下手工采摘豆类、玉米和草莓的农民。餐厅的正常运营离不开这些农民，他们应该得到我们可能给予他们的所有尊重和当之无愧的支持。面对这些农民，我感到很羞愧，至今我依然有这种感觉。

湾区附近的餐厅和全国各地的餐厅也逐渐认识到了这一点。西贝拉·克劳斯曾在潘尼斯之家工作过，他也参与过旧金山周边的农民网络，1983 年，西贝拉有了一个想法，让湾区餐厅老板与农民面对面共进仲夏晚餐。农民们带来成熟的果蔬；餐厅的厨师用这些食材做饭，然后大家聚集在一张大桌子旁，聊聊哪道菜味道最好，明年多种点什么才好。西贝拉将晚宴命名为"夏季农产品品鉴会"，我认为这是当时美国最重要的美食盛会。通过这一盛会，我们与农民，以及我们彼此建立了个性化的关系：厨师知道了农民如何烹饪一种特定的蔬菜，他们喜欢吃什么以及为什么种植这种蔬菜。第一次，大约有 10 位餐厅老板和 10 位农民参加了仲夏晚餐；三年后，奥克兰博物馆又举办了一次，这次有 300 名农民参加。这项活动具有前所未有的开创性，它团结了餐厅所在地的社区，巩固了从农场到餐桌的联系。

过去十年里，这种品尝和表彰有机供应商食品的做法被萨拉·韦纳的"好食品奖"发扬光大。为了评比和展示使用有机原料制作的美味食品，萨拉·韦纳设立了这项评比活动。来自全美各地的手工食品生产商向评委会提交了他们的果酱、面包、橄榄油、啤酒、奶酪和巧克力，供评委们评审，对优胜者颁发"好食品奖"。这一评比活动也是一个论坛，来自各个州的食物匠人们聚在这里沟通交流。这是理解食物味道的全新途径，之前人们从未以这种方式去认可、接纳食物供应商。

西贝拉在旧金山创办了轮渡广场农夫市场，这是全球公认的模范有机市场。模范很重要，人们看到并学习模范的运行方式，并把它的经验带回自己的社区。令人欣慰的是，当今世界各地本土有机市场都在蓬勃发展。我常常会琢磨，农民去农夫市场到底是什么感觉，我想象他们清晨如何装载火车或卡车、如何驾车两三个小时进入市中心、如何找到市场卸下车上所有的食物，我想象他们的食物是否卖得掉。这一切都让我想去农夫市场逛逛，即使下雨我也想去。我依赖农民，农民也依赖我。农夫市场是我们之间的桥梁。一方面，农夫市场避开了中间商，是农民和牧场主获得资金的最好、最直接的方式。另一方面，农夫市场也是人们作为顾客学习农业的最佳途径——不用亲自去农场就能了解农业的生产过程。在农夫市场购买食物时，人们几乎是下意识地学习到了季节性和地点。人们只需要在农夫市场中走一走，就能理解蕴含在其中的各种内在联系。

社区支持的农业（CSA）也是连接农民和社区的一种非常成功的方式。通过 CSA，顾客提前支付农民种植的食物，这意味着农民事先就有一定的收入保障。每隔一周或几周，顾客就会收到一盒农民生产的成熟时令水果，如夏天的太阳金樱桃番茄、罗勒和李子，冬天的南瓜、根茎类蔬菜和菊苣。借助这些 CSA 行动，人们建立了可靠的地方经济。在其中，农民得到了来自社区的直接支持，社区也得到了农民种植的食物的滋养，相濡以沫，这就是一种共生关系。

同样，学校也在全国各地重振本地农业，CSA 行动让人们意识到，学校既可以成为食物教育的灯塔，也可以成为当地再生农民和牧场主的重要、稳定的经济支持系统。这就是我所说的"学校支农"。就像 CSA 提前向农民预付食材款一样，学校也是可靠稳定的买家，无需中间商，它们直接向当地的有机农民和牧场主支付食品的实际成本。早在 50 年前，潘尼斯之家餐厅就这么做了。美国的校园餐厅每天为三千万学生提供食物，这是美国最大的连锁餐厅。当包括大学在内的所有的学校都只从本地食物供应商那里购买食物时，真正的改变就会发生。再生种植者赢了，本地社区赢了，学校也赢了。与此同时，学生也赢了，他们浸润在校园餐厅的慢食价值观中。

我相信，最终的联系形式在于与其他人围坐餐桌，一起吃饭，分享心得。在罗马，有一个名为美国学院的研究和艺术机构，它是美国作家、艺术家和学者的家园。1893年，也就是芝加哥世界博览会后的一年，为了给跨学科对话和项目创造一个公共空间，人们萌生了在罗马设立美国学院的想法。但是，食物从来都不是美国学院的核心，学院供应的食物和美国校园餐厅的一模一样，这可是在意大利！结果是，到了饭点，但凡有能力去镇上的人，都会去镇上吃饭。对交流沟通而言，没有什么地方比餐桌更合适了。这就是为什么在大约15年前，美国学院招募我和同事莫娜·塔尔博特前来重新设计菜单，提供真实、有机和美味的食物，从而吸引大家每天聚在一起，围坐餐桌，交谈、合作、互相学习。幸运的是，在学院总裁兼首席执行官阿黛尔·查特菲尔德·泰勒的支持下，一路绿灯，自开业那一天起，餐厅就只提供完全有机的食物。我们将这个项目称为罗马的可持续食品项目。食物改变了，整个机构的文化也随之改变。如今美国学院的作家、艺术家和学者们都被邀请到厨房和花园里工作，这促使他们以全新的方式思考食物来自何处。我们还为学院建立了一个本地有机农民网络，这一网络以乔瓦尼·伯纳贝为中心，他是罗马的鲍勃·坎纳德，在距离美国学院不到一个小时车程的城外，乔瓦尼经营着一个再生农场。通过这种方式，美国学院与周围的自然建立了紧密的联系。

我们也对罗马及其周边地区的古老烹饪传统充满浓厚的兴趣；在意大利，我们深深感受到了源远流长、代代相传的烹饪文化。传统是万物生息的一部分，它意味着人们与历史、祖先、快餐文化之前的饮食文化之间的联系。口述食谱的传统一直是食物历史代代传承的重要方式。直到今天，潘尼斯之家都没有手写的菜谱；在潘尼斯之家，菜谱总是来自我们之间的对话。

我知道尊重传统和被传统束缚之间有一条微妙的界限：我经历过革命年代，在 1960 年代，美国的社会革命如火如荼，许多传统文化遭到摒弃。我能够理解那种抛弃前一代价值观的革命冲动。

但是在创办潘尼斯之家时，我们并没有完全拒绝传统，部分原因是我们都是"亲法"人士。实际上，正是来自法国的饮食传统启发了我们。饮食和烹饪是法国和意大利历史和文化的重要组成部分，我们都在这些国家生活过，它唤醒了我们。我们之所以拥抱这些传统，也可能是因为这些传统是外在于我们的文化，因此我们可以不受约束地自由解释它们。马丁是我的法国朋友，当她第一次来到潘尼斯之家时，她说她非常喜欢看到用伯克利精神诠释法国美食，我感到了她对餐厅的认可。

哪些口味组合经得起时间的考验？一直以来，这种对饮食传统的探索和思考都是一个大规模的学习过程。传统的意义在于鼓励创新，而不是压抑创新。如果得不到传统智慧的帮助，一个人要成为一名出色的厨师几乎是不可能的。我们仅仅是将大师的菜谱作为提升厨艺的起点，我们从不认为应该受限于大师的菜谱。如果人们能想出比那些久负盛名的菜谱更好的做菜方法，那是再好不过的了。秘诀是与历史、传统建立联系，且不受它们的束缚。

　　传统也存在于农业中，或者至少应该存在于农业中。了解这片土地的历史，了解这片土地是如何耕种的，以及了解前人如何种植食物，非常重要。这些传统知识都是巨大且重要的资源。

　　即使是种植一个简单的菜园，自己种植食物的想法，也是来自传统的，这是一种已经存在了几千年的自给自足的生活方式。自古以来，世界各国的人们都是自耕自食。只要人们种植食物，他们自然希望土壤保持健康。烹饪其实只是植物生命大周期中的一小部分——人们必须选择正确的种子，确定合适的土壤，以恰当的方式看护幼苗、照顾植物，知道何时收获果蔬。烹饪之前的食物种植和收获才是重头戏。万物互联、精微妙趣，对食物种植和收获的了解，会帮助人们理解整个循环。

　　一个不认真吃饭的人宣称自己是环保主义者，我很难理解这一行为。反之亦然，认真吃饭的人一定是环保主义者。温德尔·贝瑞说，"吃是一种农业行为"，当然，这也意味着吃是一种环境行

万物生息

为。因此，饮食是一种政治行为，因为我们每天做出的每一个决定都会对整个世界产生影响。从根本上说，每顿饭都将人们与地球上的生命联系起来。饮食将我们与自然的可能性和力量联系在一起——这是来自大自然的令人敬畏的礼物。这是我们可以彻底改变的地方。

结论：我吃故我在

　　写完本书之际，新型冠状病毒正在全球范围内肆虐。制度和经济支离破碎，人们的生活发生巨变，很多人生病或者死亡。此刻，政府正禁止围桌聚餐，此情此景之下写作、出版一本讨论吃饭的书有点奇怪。但是，我总是想从饮食的角度去观察这场流行病。在防治新型冠状病毒的过程中，由于各国否认彼此之间的联系，否认发生在中国、伊朗或者意大利的疫情会迅速地传播到韩国、新西兰或加州伯克利，于是，病毒开始在全球范围内肆无忌惮地蔓延。由于人们希望要所有的工业供应链继续运行，还由于人们对速度、方便和随手可得等根深蒂固的快餐价值观的追求，病毒进一步扩散。此外，人们误信广告宣传——这些广告既提供有关流行病本身的信息，也告诉人们如何应对流行病的复杂信息，在很大程度上，这也导致了病毒难以在短期内结束。然而，快餐文化背后的商业仍在无休无止地攫取利润，在不断强化那些让世界走到如今这一步的结构、制度和供应链，并继续给它们融资。同样的做法也将世界推向了气候灾难。

不过，就像在所有的动荡时代一样，我们仍有一线希望，目前还有真正的机会去实施替代方案。当系统和机构崩溃之际，我们得以直面它们的缺陷，我们才有难得的机会去完全重新想象它们。怎么做才能让慢食价值观进入每个人的日常生活？怎么做才能让慢食价值观快快进入整个世界？时不待我，只争朝夕。最直接的、也是最自然的、最令人愉悦的方式，就是改变我们的饮食方式。每一次我们坐下来和朋友、家人吃饭，去杂货店，打开午餐盒，开动烤箱，播种，在小卖部买零食时，我们都必须问自己一个基本的问题："这是一个慢食决定，还是一个快餐决定？"只要是人，就得吃饭，这一简单事实是蕴含在食物中的最大力量之一。每个人都有力量去选择自己想要走的路，如果幸运的话，一天里他有好几次这样的机会。和任何其他社会运动一样，当足够多的人都去改变他们在日常生活中的饮食方式时，这种改变将产生巨大的社会影响。

在潘尼斯之家，我们创建了自己的替代性经济体系，这是我们所做的最重要的事情之一。这种替代性经济体系帮我们建立了自己的本地再生网络，与比比皆是的工业化、规模化网络相比，这一网络更人性化、更有活力、更灵活、更安全以及更有弹性。只有全面推行这种制度性重构，才能带来真正的变革。这是当务之急。要启动这场变革，还有什么地方能比公立学校系统更好呢？公立学校系统拥有强大的购买力和施行教育的空间。由学校所支持的农业的核心是，为每个孩子提供免费的再生校园午餐，这是替代性经济机器的引擎，每个社区都能接受它，它将在各地培育自给自足的支持农业的网络，为所有的学生提供食物。

格洛丽亚·斯泰纳姆写道，公共教育是美国最后一个真正民主的机构。我明白她讲这话的意思。每个儿童都在上学或者应该上学。只要学校仍然开放，它就是学习场所，就是能够最直接影响下一代人的理想场所。在每一场考试中，慢食价值观以自然、民主、愉快的方式影响着儿童。

与快餐的规模化扩张相反，可食用教育在世界各地深耕细作。在"可食校园项目"的在线网络中，有超过 7000 个类似的项目，它们遍布全球的学校和教学机构。校园厨房和园艺教室展现了照料、生物多样性、时令和美等慢食价值观。学生们对这些价值观的变革性力量作出积极的回应。这就是过去的 25 年里，我们在"可食校园项目"中看到的景象。但是，这么做并不意味着由某一个人或者某个组织独享或单独执行这些价值观。这些价值观是普世的，因此，学校要积极主动地与这些价值观建立联系。通过主动建构，学校在邻里社区中成长，成长为独立的组织。事实上，立足于本土对项目成功至关重要。确切地说，这类学校和项目之所以变得更好，正是因为它们有别于其他的学校和项目，因为它们与自身所在的独特环境、气候、文化和传统融为一体。从彼此的成功经验中互相学习是非常必要的，尤其是在当下；来自世界各地的、不同文化的最佳实践经验都汇集到这一网络中，让人们的互相学习成为可能。

有一点必须说清楚：这么做并不是主张人们回到某种理想的过去，也不是要人们回到历史上从未真正存在过的前工业时代的农业乌托邦。这么做是为了支持那些耕耘宝贵土地的农民，与他们建立联系，从而通过食物将普遍的人类价值带入我们不断发展的未来。一直以来，农场和餐桌之间就有联系。它们之间也一定有联系。自古至今，人们必须要从某个地方获取食物。随着时间的推移，唯一的变化是，每次吃饭我们都陷入窘境并提出如下问题：我们需要什么样的农场？我们希望餐桌上有什么样的食物？我们希望创造什么样的未来？我们希望创造什么样的社会？我们希望创造什么样的星球？

我们一定能迎难而上。慢食价值是人类共同分享的自然遗产。它们拥有权力。它们就在那里，等待着每个人的觉醒。而我们要做的，就是去尝一尝。

致谢

本书已经酝酿了很长时间，有很多人为它的问世提供了灵感，做出了贡献。在很大程度上，本书是对我一生工作的总结，因此，我应该感谢不是几十个人，而是成百上千的人。

首先，我要感谢本书的合作者、共同作者鲍勃·卡劳和克里斯蒂娜·穆勒。本书的构思始于十多年前，当时鲍勃帮我写了一篇演讲稿，为慢食价值观和可食用教育提出了无可辩驳的论点；2018 年，我们三人开始每周开一次例会，对该论点进行打磨，慢慢将它磨成一本书。我们想方设法地挖掘自己的经验，用准确的语言来描述这些经验，反反复复地推敲思考。如果没有鲍勃和克里斯蒂娜，这本书就不会付梓出版。

在研究写作素材的过程中，我们也得到了我

的文学经纪人大卫·麦考密克的鼓励和帮助，还得到了来自杰森·贝德、苏·墨菲、达维亚·尼尔森以及史蒂夫·沃瑟曼的有益建议。当初稿出炉后，我的好朋友迈克尔·波伦、埃里克·施洛瑟和克雷格·麦克洛瑟担任了审稿人。他们签字后，书稿得到了编辑安·戈多夫的关注，从一开始，她就对本书充满信心。此外，我还要感谢本书的助理编辑凯西·丹尼斯。衷心感谢上述所有人。

我还要深深地感谢那些给我启发的思想家和社会活动家们，他们是卡洛·佩特里尼、韦斯·杰克逊、拉杰·帕特尔、温德尔·贝瑞、迈克尔·波伦和埃里克·施洛塞、海伦娜·诺伯格·霍奇、乔纳森·萨夫兰·福尔和马克·夏皮罗。

最深切的感谢还应归功于鲍勃·坎纳德、奇诺家族和罗恩·芬利，他们教我认识生物多样性和再生农业的真正意义；感谢乔纳森·科佐尔，他揭露了公共教育中的不平等；感谢埃丝特·库克，她向我们展示了可食公共教育的人性化和平等，在"可食校园项目"董事会的坚定支持下，她帮助我们的可食公共教育落地。这项计划的启动要感谢尼尔·史密斯，25 年前，这位中学校长为我们打开了一扇门。从那时起，从东京爱华小学的"可食校园项目"，到卡米尔·拉布罗在法国发起的埃科尔可食运动，可食教育的概念在世界广为传播。

我还必须感谢潘尼斯之家餐厅这个大家庭对本书所做的不可估量的贡献，目前餐厅员工已有数百人，他们不仅致力于实现美食理想，而且致力于实现和谐友好合作的理想。

在这里，我还想向我的两位老朋友，帕特里夏·柯坦和弗里茨·斯特里夫，表示特别的感谢。从四十年前开始，他们在我出版的每一本书中都扮演了重要角色。如果没有帕特里夏的创造力和在美学方面的权威判断，就不会有这些书和潘尼斯之家餐厅。而弗里茨，他一直在为我们做出版的收尾工作。

最后，我要永远感谢我的女儿范妮，是她告诉我，美是一种关怀的语言，是她提醒我，可食教育一定会卓有成效。

译后记

在过去四十年的高速发展中，我们主动或被动地给自己安排了很多"快"：快点毕业早上岸、快马加鞭提前学、快点加班好加薪、快点人情练达好升职、快点买房好上车、快看几个景点多打卡……每隔段时间，总有那么些与"快"有关的传奇故事打动大伙儿，以至于大家跃跃欲试，纵身潮头，竞逐比高。但是，有潮起就有潮落。在潮头上，我们不仅会快，还会更高、更强；而在潮谷，任凭我们怎么快，怎么卷，也追不上那些先行几步、扬长而去的弄潮者。更何况，一个人长久地置身潮谷，缺少正反馈，容易进入"再而衰，三而竭"的状态，最后陷入倦怠、抱怨、自责、放弃。于是，当面对一去不复返的浪头时，后浪们说，要是早生几年就好了。

为什么还要说"早生几年就好了"？为什么还在自责？为什么还是盯着"快"？每个人的微小琐碎的经历都有自己的史诗性，没有必要因为不快、不高、不强而抱歉、后悔、自责。其实快不起来，卷不动，并不是我们的错。在转型期，如果我们拿着过去四十年发展红利期的经验来线性规划未来，不仅是刻舟求剑，还会吃大亏——妄图乌泱乌泱地用身体拼事业，强行吃苦，表面求快，无异作茧自缚。不妨换个角度看，转型期正好给了我们机会拒绝外界安排的时间表，慢下来，量力而行，关照身心健康，再学一点防身的本领。

　　翻译爱丽丝·沃特斯的《我吃故我在——慢食与文化》也是我的一次"慢下来，量力而行，关照自己的身心健康"的尝试。我来自法学院，从事公法教学和研究工作，也参与立法和公共政策制定实践，工作量很大，节奏也快。年轻时风风火火，无知无畏，尚可胜任。但年过四十之后，常有心有余而力不足、一事无成之感，故焦虑重重，深夜反省，自责不休。

　　去年年初，友人田雷教授给我推荐了这本书，他说，很适合你，你试试翻译。一本批评快餐，倡导慢慢吃饭的书，适合我？带着疑惑，我翻完这本小书。结果，我发现，沃特斯不是在讲慢慢吃饭，她以法国留学、餐厅工作、社会活动等个人经历为线，倡导一种新的饮食理念和生活方式。在沃特斯那里，人类是自然循环和自然节奏的一部分，美、生物多样性、四季时令、照料、工作的乐趣、简单、万物生息等慢食价值，扎根于每个人的身心深处。进入工业社会和快餐时代，这些慢食文化被人们遗忘了。沃特斯试着提醒奔忙在工商业时代的人们，停一停，慢下来，耐心点，用饮食去关爱、照料、聆听自己身体和感官。这样的人生，也值得过。

是的，生命只有一次，要善待自己。我这才发现，匆匆忙忙的我往往关心的是一些很实际的事情，而且出了问题，第一个念头是自责——是不是题没做够，要不要再去考个试？我这才发现，自己活得过于沉重了，不太关心身体感受。所以，沃特斯真的有治愈到我。她很轻盈，热爱食物、关照身体感受的人都会轻盈，他们会躲避世界的

译后记

石化——"在某些时刻，我觉得整个世界都正在变成石头；这是一种石化，随着人和地点的不相同而程度有别，然而绝不放过生活的任何一个方面。就像谁也没有办法躲避美杜萨那种令一切化为石头的目光一样。唯一能够砍下美杜萨的头的英雄是柏修斯，他因为穿了长有翅膀的鞋而善飞翔。"（卡尔维诺）

更确切地说，沃特斯所倡导的慢食文化，令我长了翅膀，重新飞回了童年时代的乡村生活。她在书中写道，在潘尼斯餐厅，员工和顾客一起剥豌豆荚、手捣蒜泥；在她资助的"可食校园"项目里，孩子们自己种菜，自己做饭；她提倡按照季节变化的节奏来安排饮食和生活，比如为冬季的来临腌肉、腌卷心菜，在地窖里储备笋瓜、地瓜——这些都是我熟悉的情景。我想起了外婆，她很忙也很累，但看上去很闲很静；她逢初一、十五给祖先烧炷香，再忙也不忘在菩萨面前放鲜果野花；她教会了全村妇女做油面——这是一种工艺很复杂的手工面条。我也想起了自己，一个曾经自由自在的野孩子，春天上山采茶找蘑菇，夏天在河堤挖草药，秋天摘木梓和板栗，冬天围观腌鱼腌肉、打糍粑、打豆腐。对被生活折腾得七零八落的我来说，这些与乡村有关的童年回忆真的很治愈，想着这些，就好比平日看猫喝水，看柴火烧得吱吱响，看春蚕吐丝作茧，看李子柒干农活。

话说回来，农业社会里干农活很苦，土地困身，看天吃饭，收成仅够糊口，本来实在毫无浪漫可言。一年忙到头的农民所能做的，只有珍视丰收、食物、节日、四季、耐心等来自自然的美好，待到农闲时，用它们来抚慰沉重的身心。在这个意义上，自然就是受苦受累农民的宗教——与自然同行，双手劳动，慰藉心灵。同样，对一个生活在现代城市的人来说，美、生物多样性、四季时令、照料、工作的乐趣、简单、万物生息等慢食价值的意义，不在于重返乡村或虚假地浪漫抒情，而在于它们就像《柳林风声》里的鼹鼠与河鼠，提醒我们这些进城的蟾蜍，需要反思方便、统一、随手可得、广告、廉价、越多越好、速度等快餐文化，更需要采取行动维护身心健康——比如自己做饭，少吃外卖，比如拒绝预制菜，用新鲜食材做饭，比如和家人一起吃饭，比如勤俭持家（有机低碳），比如吃多少做多少，比如吃时令果蔬……用这些涓涓细流般的行动，逐渐改变与那些"快"有关的饮食方式、生活方式。

沃特斯不仅是慢食文化的倡导者，更是行动者。她是美食作家，也是一名成功的餐厅老板、厨师、社会活动家、公益慈善家。她的潘尼斯餐厅已经经营五十年了，以提供味道可口、未经精加工、品质新鲜和种植方式不破坏环境的食品而著称，为后辈厨师和美食爱好者们重新定义食物提供标准。她立足本土，推动连接农民和社区的"社区支持农业"项目，既保障和提高了农民的收入，也让社区吃上了本土农民种植的有机食物。她在公立学校创办了"可食校园"项目，带领学生种植有机蔬菜、烹饪劳动果实，改变了公立学校教育系统。值得一提的是，除了传播慢食文化，改变社会观念，沃特斯在商业上也相当成功。和乔布斯一样，沃特斯在青年时代参与了美国20世纪60年代反主流文化运动，他们都深谙文化的力量，文化运动深深影响了他们的事业。如果说乔布斯将一种全新的工业审美文化注入美国产业界，提升了美国工业产品的文化内涵，改变了美国制造的形象；那么，商人沃特斯则将一种新的饮食文化注入美国餐饮界，改变了工业化快餐主导美国饮食的局面。在我看来，沃特斯的成功得益于知行合一，她的价值观与她的生活、事业都是一致的。知行合一的人，往往思路清晰，心态稳定，路自然好走。

在现代社会，加速是主旋律，沃特斯所倡导的这种慢食文化虽然小众，甚至有些理想，未必代表了主流人群的饮食方向。不过，主流未必是正确的。潘尼斯餐厅很不主流，沃特斯拒绝给餐厅打广告很不主流，她推动从农场到餐桌的运动不主流，她提倡的自己种菜、养鸡在当时的美国也很不主流……但她从来都没有屈服于外界的压力，她慢中求快，拒绝主流。最后，她成为饮食行业的代表人物，成为一种文化现象。在这个意义上，沃特斯的思考与行动告诉我们，即使道路终将通往城市，但乡村依旧不朽。

作为译者，我的工作也结束了。文本是开放的，每一位读者都有自己打开书本的方式，期待出版后读者们也喜欢这本书。

　　最后，谢谢我的女儿萌萌，她的奇思妙想总令我欣喜，我问她本书的书名 We Are What We Eat 如何翻译，她给了我最朴素的答案，"你吃出了你自己"。谢谢萌爸多年来所给予的包容与自由。谢谢田雷教授一直以来的信任与支持，并给我推荐本书。谢谢编辑们为本书的出版所付出的努力。谢谢我的硕士研究生严可帮我校读了全书。

刘诚

2022 年 7 月 20 日

广州滨江东